Vegetation and Climate Change
in Mongolia Plateau

蒙古高原
植被与气候变化

秦福莹◎著

本书出版得到国家自然科学基金项目（61661045）的资助

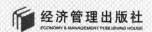

经济管理出版社
ECONOMY & MANAGEMENT PUBLISHING HOUSE

图书在版编目（CIP）数据

蒙古高原植被与气候变化/秦福莹著. —北京：经济管理出版社，2023.10
ISBN 978-7-5096-9406-0

Ⅰ. ①蒙… Ⅱ.①秦… Ⅲ.①蒙古高原—植被—研究 ②蒙古高原—气候
变化—研究 Ⅳ.①Q948.531 ②P468.31

中国国家版本馆 CIP 数据核字（2023）第 205639 号

审图号：GS 京（2024）2088 号

组稿编辑：王光艳
责任编辑：王光艳
责任印制：许　艳

出版发行：经济管理出版社
　　　　　（北京市海淀区北蜂窝 8 号中雅大厦 A 座 11 层　 100038）
网　　　址：www.E-mp.com.cn
电　　　话：（010）51915602
印　　　刷：北京市海淀区唐家岭福利印刷厂
经　　　销：新华书店
开　　　本：710mm×1000mm /16
印　　　张：9
字　　　数：130 千字
版　　　次：2025 年 6 月第 1 版　　 2025 年 6 月第 1 次印刷
书　　　号：ISBN 978-7-5096-9406-0
定　　　价：88.00 元

前言

　　近几十年来，全球气候变化已成为不争的事实，尤其是在蒙古高原干旱半干旱草原区的变化趋势更加明显。据研究，蒙古高原区域气温上升速率（0.06℃/10a）大约是全球平均气温上升速率的2.5倍，降水时空分布格局正在发生重大变化，区域差异显著。蒙古高原生态脆弱，对气候变化的响应极其敏感，近50年蒙古高原草原退化的现象日趋严重，植被退化速度超过了历史上的任何时期，草原服务功能明显降低等导致草原生态系统的平衡与稳定受到严重干扰与破坏，极端天气事件的频率提高和强度明显增加，蒙古高原生态环境整体恶化趋势非常突出。蒙古高原作为我国北方最重要的生态安全屏障和建设"中蒙俄经济走廊"、实施"一带一路"倡议的重要组成部分，开展该区域气候变化规律及其对植被活动的影响研究对畜牧业发展和草地生态系统的保护等具有重要意义。

　　植被是陆地生态系统中敏感的组成要素，植被的生长分布与气候变化有着密切的关系，研究其变化特征和趋势，揭示植被活动和气候变化的关系及其响应格局已成为当前全球变化研究的重要内容。本书以蒙古高原为研究区，利用气候观测数据和遥感数据，从年际、季节和月尺度上，分析近 50 年来蒙古高原气候和植被生长时空变化特征，分析蒙古高原植被覆盖度与气候要素的交互作用，深入探讨气候演变对植被生长的影响机制，为掌握蒙古高原气候变化规律以及制定草原生态系统对全球气候变化的区域响应对策提供科学依据。

本书共分六章。第一章为绪论，概述了选题背景和研究意义、区域气候变化研究进展、植被生长时空格局及其对气候变化的响应研究进展；第二章为研究区概况、数据来源及研究方法，主要介绍了研究区概况、数据来源及研究方法；第三章为蒙古高原水热条件变化规律，着重分析蒙古高原水热条件变化规律；第四章为蒙古高原植被 NDVI 时空格局；第五章为蒙古高原植被生长对气候变化的响应，分析季节 NDVI 和月 NDVI 对气候要素的同期和滞后响应特征；第六章为结语，阐述了蒙古高原气候变化的影响因素，讨论不同植被类型对气候变化的响应机制等。本书可作为生态学、大气科学、遥感科学与技术相关专业研究生和技术人员的学习参考书。

本书的出版得到了国家自然科学基金地区项目（61661045）的资助。在撰写过程中，内蒙古大学杨劼教授、中国科学院大气物理研究所贾根锁研究员提出了许多建设性的宝贵意见，在此表示诚挚的感谢！

由于作者水平有限，不足之处在所难免，敬请广大读者批评指正。

秦福莹

2023 年 3 月 30 日

目 录

第
一
章

绪 论

一、选题背景及研究意义

当前，全球气候变暖已成为人类社会面临的严峻挑战，也是全球变化研究的核心内容。在全球气候变化背景下，大尺度的区域地表气温、降水格局及生态环境的重大变化（孔锋等，2017），特别是温室气体（CO_2、N_2O、CH_4 等）排放量的不断升高导致的全球平均气温上升等一系列问题已经达到了有史以来最严重的程度（丁一汇等，2006）。例如，根据 IPCC（2013）报告，1880~2012 年全球地表平均气温升高了 0.85℃，1901~2010 年全球海平面平均上升了 0.19m，1979~2012 年北极海冰面积每 10 年以 3.5%~4.1%的速度减少。

近些年，受气候变化和人类活动的叠加影响，全球范围内出现了土地荒漠化、水资源枯竭、物种灭绝、粮食短缺等一系列严峻的生态环境和社会经济问题。其中，土地荒漠化是全球生态环境恶化的典型表现之一，目前 100 多个国家和地区的 10 多亿人口受到土地荒漠化危害，荒漠化的土地约占陆地总面积的 1/3，使全世界每年蒙受的直接经济损失高达 $4.23×10^9$ 美元（李金霞，2011）。生态环境恶化已严重限制了区域经济的可持续发展，如非洲撒哈拉、蒙古高原、西亚等地区的陆地生态系统正面临巨大挑战（Zhang et al.，2022）。

蒙古高原地处亚洲内陆区，独特的地理位置、地势地貌和气候特点决定其对亚洲乃至全球的气候变化有着重大影响。蒙古高原大部分地区属于干旱半干旱区，生态环境脆弱，对气候变化和外界干扰的响应非常敏感（秦福莹等，2018）。近 100 年，该地区气温上升速率大约是全球平均气温上升速率（0.06℃/10a）的 2.5 倍（Jiang et al.，2016；刘兆飞等，2016），其中内蒙古地区增温速率大于蒙古国。1911~2010 年，蒙古高原年降水量整体呈减少趋势，变化速率为 - 0.1mm/10a（Jiang et al.，2016），也有研究发现，1969~2013 年降水量减少速率高达 - 4.5mm/10a（刘兆飞等，2016）。由此可知，蒙古高原降水时空分布格局正在发生

重大变化，区域差异显著，增温变干趋势明显。

在气候变暖、人口急剧增加与过度开垦和放牧等多种驱动力的耦合作用下，蒙古高原近50多年草原退化的速度、规模以及程度均超越了历史任何时期，呈现由局部向大面积扩展，甚至出现整体退化的趋势（Zhang et al.，2014；Chen et al.，2017），大部分地区生物多样性锐减，干旱发生频率增加、持续时间延长、强度加重，植被生产力下降等问题日益严重（师华定等，2013）。1980~2014年，蒙古高原干旱程度日益严重的地区占整个高原面积的72.2%，尤其是21世纪初干旱频率提高和强度明显加重（Tong et al.，2018）。过去50年内蒙古草甸草原、典型草原和荒漠草原植被生产力分别下降了54%~70%、30%~40%和50%（尹燕亭等，2011）。草原生态系统的平衡与稳定受到严重干扰与破坏，服务功能明显降低。因此，系统地研究该地区气候变化及其对生态系统的影响机制，对中蒙俄以及亚洲乃至全球生态安全、社会稳定和经济发展都具有理论和实践上的重要意义。

气候变化对陆地生态系统的影响及其响应过程是全球变化生态学研究的新热点，得到了学术界的高度重视（付永硕等，2020）。植被是陆地生态系统的重要组成部分，植被盖度、生物量、生物多样性等群落特征对气候变化必然有所响应（刘可等，2018）。植被覆盖度是反映地表植被群落生长态势的重要指标，对区域生态系统环境变化具有指示作用（陈效述、王恒，2009）。作为全球变化的重要方面，气温和降水及其组合通过改变植物光合作用、呼吸作用以及土壤肥力状况而影响植被生长（Miao et al.，2015），进而对植被覆盖度产生重要影响。

蒙古高原拥有世界上最大的温带草原，面积大约为260万平方千米，属于全球生态系统的重要组成部分，对全球碳循环及区域生态系统的稳定起着重要作用（Angerer et al.，2008）。该地区地域辽阔，经纬度跨度大，水热状况空间差异较大，发育了多种植被类型。在日益加剧的人类活动的干扰下，不同类型的植被对气候要素时空变异的响应方式和程度也有所不同。有研究发现，蒙古高原植被生长与水热状况在空间

上有正负相关共存的现象，并将其归因于不同植被类型获得土壤水分的能力大小以及植被降水利用率各异（孙艳玲等，2010；Tong et al.，2018）。

以往有关蒙古高原植被对气候变化的响应研究，仅从整个研究区平均植被覆盖状况与生长季气候要素的年际变化尺度出发（Miao et al.，2015），而对整个蒙古高原气候要素季节和月尺度变化对不同植被类型影响的研究较少（丁勇等，2014；Huang et al.，2015），在很大程度上掩盖了水热条件及其组合对植被不同生长阶段的影响，使人们不能全面解读全球气候变化对陆地生态系统的影响及其后果。事实上，降水和气温具有时空分配不均的特点。不同植被类型、同一植被类型的不同生长阶段对降水和气温等环境要素的响应均存在差异。从年际、季节和月尺度上，分析蒙古高原植被覆盖度与气候要素的交互作用，深入探讨气候演变对植被生长的影响机制，对理解陆地生态系统对全球气候变化的区域响应，恢复区域生态环境，建设中国北方生态屏障具有重要意义。

二、区域气候变化研究进展

气候是决定陆地植被类型及其分布的最主要因素，植被则是地球气候最鲜明的反映和标志（焦珂伟等，2018）。近几十年来，学术界从不同尺度上，尤其是从温度和降水两个方面对全球气候变化开展了一系列的研究，基本上勾勒出了全球及各主要区域的气候变化规律。

研究表明，近100年来全球变暖趋势明显，地表平均气温升高了0.85℃，并且存在明显的区域特征和季节差异，北半球陆地气温上升趋势明显高于南半球，高纬度地区和极地地区变暖趋势显著高于中低纬度地区（IPCC，2013）。1951~2004年，中国地面气温的冬季增温速率高达0.39℃/10a，春季为0.28℃/10a，秋季为0.20℃/10a，夏季增温速率最小，为0.15℃/10a（任国玉等，2005）。青藏高原及邻近地区作为世界"第三极",是全球气候变化的敏感区之一,1958~2000年气候呈显著变暖趋势,增温速率为0.16℃/10a,降水总量在增加,增加速率为1.69mm/10a,但降水增加主要在冬春季节,夏秋季节的降水量都在减少(李川等,2004)。

从降水量变化来看,前人的研究尺度主要集中于几十年到百年,研究尺度不同,变化趋势也不同,但表现出较大的区域差异性和明显的年代波动特征。近80年全球陆地平均年降水量呈增加趋势(0.01mm/a),北半球减少,而南半球增多(徐保梁等,2017)。1951~1980年全球陆地平均年降水量略微减少(-0.14mm/a),北半球平均年降水量减少幅度为-1.3mm/a,大于全球平均年降水量的减少幅度,北半球低纬度热带地区(0°~30°N)年降水量减少,而中纬度地区(30°~50°N)年降水量略有增加,20世纪下半叶非洲和东亚地区降水量显著减少,而北美和欧洲地区降水量增加(马柱国、符淙斌,2007)。也有研究认为多雨地区降雨增多,干旱地区降雨减少(徐保梁,2016)。

受气候变暖的影响,降水量的季节性变化加大,区域不同,降水量的季节变化也有所不同。从全球陆地来看,近80年全球陆地夏秋季节降水量减少而冬春季节降水量增加(徐保梁等,2017),而其后半段四季降水量均呈减少趋势,但仍表现为夏秋季节降水量减少显著。从各典型区来看,在20世纪北美与欧洲的降水量既有共性,又有差异,夏季两个地区均减少,北美春季增多,欧洲冬季增多(Beier et al.,2012;Volder et al.,2013)。由此可知,气温和降水变化在空间上表现出较大的区域差异,在时间上表现出较大的变异性。

蒙古高原位于季风尾闾区,其气候具有空间上的复杂性和时间上的易变性特点,已经成为学术界开展气候变化研究的一个典型区域(Jiang et al.,2016)。

近年来,国内外学者从不同空间尺度(蒙古高原、蒙古国、内蒙古或其中局地)和时间尺度上开展了蒙古高原气候变化研究,尽管气候变化趋势不尽相同,但气候要素具有多变性特征是一致的结论。研究

发现，过去几十年蒙古高原整体上呈增温趋势，增温速率高于全球平均水平（王菱等，2008），不同区域气温变化差异明显（刘兆飞等，2016），季节变暖过程不对称（秦福莹，2019）。

Jiang et al.（2016）研究表明，蒙古高原近百年的气候在持续变暖，1960~2005 年蒙古高原的年平均气温上升速率为 0.49℃/10a，区域差异表现为北部低温的山区变暖趋势更加明显，内蒙古地区的气温上升速率（0.54℃/10a）高于蒙古国上升速率（0.40℃/10a）。

在上述气温变化背景下，学术界应用不同的数据源对蒙古高原降水变化格局进行了初步的研究。研究表明，近 100 年蒙古高原年降水量呈微弱的减少趋势，而且时空差异显著（Lu et al.，2009）。

基于再分析格点数据的近 100 年蒙古高原年降水量和应用实测数据开展的近 45 年蒙古高原年降水量变化均呈减少趋势，但减少速率有所不同，分别为-0.1mm/10a 和-4.5mm/10a。近 10 年蒙古高原北部地区和东部地区年降水量增加，而中部地区和南部地区减少（Jiang et al.，2016）；近 45 年蒙古国年降水量减少幅度（-5.5mm/10a）大于内蒙古（-3.5mm/10a），蒙古国西北部地区增加明显，其他多数地区呈减少趋势。

在蒙古高原内部开展的不同时空尺度的研究得出的结论不一致，年降水量变化有升有降。蒙古国中部地区年降水量呈减少趋势，而东部地区和西部地区均为增加（Batima et al.，2005），蒙古国南部三个省（南戈壁省、中戈壁省、东戈壁省）年降水量减少（Sternberg et al.，2011），而北部库苏古尔湖盆地年降水量略微增加（Nandintsetseg et al.，2010）；内蒙古东中部地区年降水量减少，而西部地区增加（1955~2005 年）（Lu et al.，2009）。

不同学者研究了蒙古高原及其毗邻地区近半个多世纪降水量的季节变化规律发现，研究的时空尺度不同，得出的结论也不一致（丹丹，2014；丁勇等，2014）。近 35 年蒙古高原冬春季节的降水增加，夏秋季节的降水减少。蒙古高原降水主要集中于夏季（约70%），而夏季是植被生长最旺盛的季节，因此分析夏季降水的时空演变特征，对了解蒙古高原植被覆盖度变化具有重要意义（李妍等，2016）。近50年内蒙古夏季降水整体呈减少趋势，但表现出东部地区减少而西部地区增加的区域差异（高晶，2013）。

综上所述，由于受到不同国家之间气象数据获取与共享的限制，以往对蒙古高原气候变化的研究多集中于年降水量和年平均气温的年际波动和小的空间尺度的研究，而对整个蒙古高原尺度的气候变化研究较少，尤其是气候要素的多尺度（年代、年际、季节和月等）的综合研究严重不足，亟须加强。

三、植被生长时空变化研究进展

陆地植被分布格局及其变化过程是全球变化研究的重要内容之一。自20世纪70年代开始卫星遥感技术应用于陆地植被变化监测，到20世纪80年代末，提出了"卫星生物气候学"的概念（侯美亭等，2013）。美国的探路者数据库（Pathfinder Data Sets）、NOAA/AVHRR数据及GIMMS/NDVI数据等在全球及区域尺度植被研究中得到了广泛应用（Xu et al.，2019；郑江珊等，2020），从而极大地推进了全球植被变化监测研究。

全球植被监测最常用的指标是归一化植被指数（NDVI），NDVI值越大，表明植被覆盖率越高，而最早的全球NDVI数据始于1982年。因此，大尺度的全球植被变化监测的时间尺度都较短。大量的研究均证实，在全球气候变化的影响下，不同时空尺度的NDVI变化规律也不相同。1982~2011全球平均NDVI每年增加0.46×10^{-3}；北半球大部分地区NDVI增加，其中西欧的增加趋势最显著，美国东南部、亚马孙、萨赫勒、印度和中国东南部等地区的增加趋势也比较明显，NDVI减少的地区主要分布于北美北部、阿根廷以及非洲南部等地区（Liu et al.，2015）。1982~2006年，全球生长季植被的NDVI整体呈增加趋势，但时空差异较大，其中1997年以前增加，之后呈下降趋势，热带地区生

长季植被的 NDVI 增加速度最快，其次为北半球中高纬地区，而南半球温带地区呈减少趋势（孙进瑜等，2010）。

1982~1999 年，中国区域平均年 NDVI 增加 7.4%，其主要驱动因素为生长季长度的延长和植物生长速率的提高以及人类活动的干扰，在空间上有一定的差异。东部沿海的华东地区植被 NDVI 增加趋势显著，西北和华北南半部的农耕地区植被的 NDVI 增加也明显，而华东地区的上海、浙江、福建，中南地区的广东和广西，西南地区的贵州，东北地区的黑龙江等的局部地区植被的 NDVI 减少趋势明显（Fang et al.，2004）。刘斌等（2015）、戴声佩等（2010）指出，1981~2006 年中国华北地区和西北地区平均植被 NDVI 呈上升趋势，每 10 年分别增加 0.009 和 0.005，华北地区植被 NDVI 退化面积大于改善面积，而西北地区植被 NDVI 改善面积大于退化面积。1982~2013 年，新疆年 NDVI 均值呈现阶段变化特征，1985~1994 年增加，1995~2008 年减少，2009~2013 年增加，植被显著改善面积和退化面积分别占总面积的 25.89% 和 18.0%（刘洋等，2016）。

1982~1999 年，中国植被季节 NDVI 均呈增加趋势，趋势大小依次为：春季（0.013/a）>冬季（0.01/a）>夏季（0.003/a）>秋季（0.002/a）；春季 NDVI 增加区域主要分布于东部季风区域；夏季 NDVI 增加区域主要分布于西北干旱区域和青藏高寒区域，秋季 NDVI 增加区域主要分布于天山北坡、大兴安岭北端以及长江中下游的部分地区等；冬季植被活动增强的区域零散分布于云贵川及藏南部分地区（朴世龙、方精云，2003）。

蒙古高原面积广大，东西跨经度 34°36′，南北跨纬度 15°22′，横跨森林—草原—戈壁荒漠等不同的植被区（刘钟龄，1993）。在全球气温和降水格局变化的影响下，植被覆盖度表现出强烈的时空异质性。研究表明，1982~2011 年蒙古高原植被 NDVI 略呈上升趋势，南部农牧交错区植被 NDVI 显著增加，西南部显著减少，东部地区和中部地区变化不明显（Miao et al.，2013），内蒙古区域平均植被状况好于蒙古国

（缪丽娟等，2014）。同期内蒙古植被 NDVI 整体上呈改善趋势，局部退化，东南部地区和南部地区植被 NDVI 增加，东北部地区和北部地区减少。2000~2012 年，内蒙古荒漠区植被覆盖度上升，草甸草原区退化严重（范瑛等，2014）。

关于蒙古高原不同地区植被覆盖度变化的研究较少，但仅有的研究成果表明，在蒙古高原的区域平均植被覆盖度整体改善的背景下，不同植被区之间存在显著差异。周锡饮等（2014）利用 AVHRR NDVI 数据对 1981~2006 年蒙古高原植被覆盖度年际变化进行研究发现，荒漠区及森林区植被 NDVI 呈略微减少趋势，草原区呈增加趋势。1982~2006 年，内蒙古地区典型草原、草甸草原和农田生长季植被 NDVI 呈增加趋势，而森林、荒漠草原和荒漠区生长季植被 NDVI 呈减少趋势（Guo et al.，2014）。Bao 等（2014）集成 AVHRR NDVI 与 MODIS NDVI 遥感数据，分别研究了 1982~2010 年蒙古高原和蒙古国的植被变化后证实，蒙古高原的草甸草原、典型草原和荒漠草原植被生长季 NDVI 减少最明显。蒙古国的森林、草甸草原、典型草原和高寒草原植被生长季 NDVI 均呈微弱的增加趋势，只有荒漠草原植被 NDVI 呈减少趋势。

温带气候四季分明，受气候的影响，温带植被具有明显的季节变化特点，不同植被类型的 NDVI 对气温和降水的季节变化响应不同（焦珂伟等，2018）。研究表明，1982~2006 年蒙古高原春季和秋季植被覆盖度有所改善，而夏季退化明显（戴琳等，2014）。2001~2010 年，蒙古国春季和夏季区域平均植被 NDVI 呈减少趋势，每年分别减少−0.0056 和−0.0002，秋季和冬季 NDVI 呈增加趋势，每年分别增加 0.009 和 0.0017，通过分析植被退化面积和改善面积的比例发现，春季植被退化，夏季植被保持稳定，秋冬季节植被有所改善（王蕊、李虎，2011）。对相同时间段的蒙古高原植被变化研究表明，春季和夏季植被 NDVI 均呈下降趋势，而秋季呈上升趋势。其中，秋季所有土地覆盖类型的 NDVI 均呈增加趋势，而在春季和夏季的变化趋势，因土地覆盖类型不同而不同，农田 NDVI 在春季呈下降趋势，而夏季呈上升趋势显著

（包刚等，2013）。Zhao 等（2015）研究了 1982~2011 蒙古高原主要植被类型（苔原、森林、草原、荒漠、农田）的季节平均 NDVI 的变化趋势，发现春季五种植被类型 NDVI 均呈增加趋势，其中草原和农田春季 NDVI 增加显著，夏季除了苔原，其他植被类型 NDVI 均减少，秋季荒漠 NDVI 减少，其余四种植被类型 NDVI 增加。

综上所述，前人对蒙古高原植被变化的研究多局限于蒙古高原内的某一区域尺度，如蒙古国或内蒙古等，而以整个蒙古高原作为研究区的大尺度、长时间序列的研究偏少，尤其缺少各植被区植被生长季和季节尺度的演变研究。

四、植被对气候变化响应研究进展

植被是连接土壤圈、大气圈和水圈的"纽带"，对气候变化的影响反应敏感，在全球气候变化研究中发挥着"指示器"的作用。因此，植被对全球变化响应的研究一直是学术界的热点问题之一（Piao et al.，2019）。

不同学者研究相关问题的数据源和方法主要有定点观测（Fan et al.，2020）、遥感监测（崔林丽等，2021）、控制试验（胡植等，2021）以及整合分析（郑江珊等，2020）等。有研究表明，植被覆盖度和生物多样性等群落特征对全球变化比较敏感（Han et al.，2015），尤其是高纬度和高海拔地区植物群落的敏感性更强（李元恒，2014）。

过去百余年全球地表平均气温显著升高，而温度升高会影响全球范围内的水循环，从而导致降水格局发生变化（IPCC，2013），水热状况的改变必然对地表植被产生影响，但植被对气候变化的响应存在累积效应和滞后性（Wu et al.，2015）。前人利用 NDVI 研究了不同空间尺度下植被对气候变化的响应，得出了很多重要的结论。受气候变化的时空差异性和地表系统的异质性的影响，植被对气温和降水变化的响应均存在较大的区域差异（Liu et al.，2015）。例如，全球变暖导致 1982~1999 年北半球中高纬度地区植被活动显著增强（Tucker et al.，2001），青藏高原（2000～2016 年）（卓嘎等，2018）、中国西北干旱区（1981～2013 年）（王玮等，2015）、华北地区（1981～2006 年）（刘斌等，2015）等区域的植被覆盖度呈增加趋势，而 1982～2006 年美国西北部的太平洋地区、非洲以及中国东部的植被 NDVI 减少明显（张学珍、朱金峰，2013）。

Martiny 等（2006）利用 AVHRR/NDVI 数据，研究了非洲大陆气候变化对植被生长的影响发现，在降水总量适中区域（200～600mm），植被对降水的响应最强烈，在降水季节分配和降水集中程度等降水结构的影响下，东非、西非和南非的植被生长差异显著，NDVI 最大值出现的时间滞后于降水量最大值出现的时间，滞后时间长短与雨季降水量增加速率呈负相关关系，西非滞后时间最短（1 个月），南非最长（超过 1.5 个月）。

水热条件及其组合状况是决定植被类型及其分布的重要因素，但不同地区气温和降水对植被的影响程度不同。在中亚地区，植被与干旱程度有较强的相关性，特别是降水成为影响大尺度种群结构和生态特征的主要因素（Li et al.，2015），几乎 80% 区域的植被覆盖度对降水显著敏感（Zhang et al.，2013）。亚热带以及中纬度大陆中部（如蒙古高原、北美、南美）的植被 NDVI 距平值与降水距平值呈正相关关系，而欧洲和东亚沿海地区的植被 NDVI 距平值与其气温距平值呈正相关（Los et al.，2001）。在华北、内蒙古等地区，降水是影响植被生长的关键因素，并表现出一定的滞后效应（杨尚武、张勃，2014）；而在青藏高原、陕甘宁黄土高原等地区，气温却是影响植被生长的关键因素（李双双等，2012）。1940～2004 年，蒙古高原中部降水量明显减少，温度明显升高，气候趋向于干旱化，大幅度增加了土壤的蒸发量，使生态需水量增大，干旱危害加剧（Tao et al.，2020）。温度升高对高寒植被有正效应，使植被物候进程加快、生长季延长，但温度持续升高则对植被产生负效应（王青霞等，2014）。

研读文献发现，前人就植被活动对气候要素和人类活动的响应过

程开展了深入的研究，主要集中于时空尺度、植被类型及其生长阶段与水热条件之间的关系方面。

研究表明，内蒙古植被生长在年际尺度上主要受降水的控制，而在月际尺度上受降水和温度的共同影响，其中，森林植被区植被覆盖度在年际/月际尺度上与温度的相关性较强；荒漠植被区植被覆盖度在年际/月际尺度上与降水的相关性较强；草原植被区植被覆盖度在年际尺度上受降水的影响，在月际尺度上受降水和温度的共同影响（张辉，2022）。在蒙古高原，草地植被生长在不同的季节对降水和气温变化的敏感性不同，春季对气温变化的敏感性较降水变化强，夏秋季节对降水变化的敏感性则高于对气温变化的敏感性（张戈丽等，2011）。1982~2006年，蒙古高原春季和秋季的季平均气温升高延长了该地区植被的生长期，从而使植被情况得到改善，夏季的季平均气温升高与夏季降水减少共同导致了夏季植被退化（戴琳等，2014）。1993~2000年，蒙古国植被在植被快速生长阶段（6~7月）和成熟阶段（7~8月），分别有29%和42%的站点植被 NDVI 与其年降水量呈显著正相关关系（$p<0.01$），在成熟阶段，气温对植被活动的影响因季节而有所不同；在大多数地区，植被活动与夏季气温呈负相关关系，在西部地区植被活动与初冬气温呈负相关关系，在东北部地区，植被活动与仲冬气温呈正相关关系（Iwasaki，2006）。内蒙古中部地区植被 NDVI 年际动态（2000~2008年）主要受降水量驱动力影响，降水量较之气温对该地区植被生长产生更强的作用（王军邦等，2010）。降水量与植被覆盖度的相关关系在生长季初期（5月）和生长季末期（8月）最显著（佟斯琴等，2016），而生长季内月尺度上对水热组合状况更加敏感（Mu et al.，2013）。

生长季植被覆盖度与气候变量之间的相互作用十分复杂，植被 NDVI 对气候要素变化的响应存在滞后性（刘成林等，2009）。蒙古高原典型草原的生长季前半个月累积降水量越多，植被覆盖度的增加量就越大（陈效逑、王恒，2009）。1981~2009年，内蒙古呼伦贝尔草原5~8月植被 NDVI 与前一个月的降水量变化关系密切，植被生长对降水

量变化具有 1 个月的滞后性。在内蒙古东北部地区前一年累积降水量影响了生长季节的植被生长（Qu et al.，2015）。

实际上，植被 NDVI 变化不仅受气候变化等自然因素的影响，还与人为活动密切相关（Hilker et al.，2014）。自然植被（森林区和荒漠区等）变化在更大程度上反映了气候变化对植被的影响，而人工植被（耕地等）变化更多体现的是人类活动的作用。受区域农业发展水平、人口密度和放牧密度的影响，植被 NDVI 变化存在较大的区域差异（Rowhanp et al.，2011）。

植被是气候变化的响应者，也是气候变化的影响者，植被对气候变化的响应研究成为当前全球变化研究的前沿领域（付永硕等，2020）。Jeong 等（2009）研究表明，NDVI 小幅度增加会使该地区春季升温强烈，而 NDVI 大幅度增加会使该地区春季升温缓慢，这可能是由于植被绿度相关的蒸发增加使气候变暖减缓，早期的植被生长可能进一步加强了这种植被蒸发对春季温度的影响。

综上所述，前人关于蒙古高原植被对气候变化的响应研究，多数仅从研究区尺度和年际尺度上探讨植被覆盖度与气候要素之间的关系，而对于整个蒙古高原气温和降水季节及月尺度变化对不同植被区植被的影响研究较少，导致人们无法全面理解植被生长过程对气候变化的响应。因此，从年际、季节和月尺度入手，综合研究蒙古高原不同类型植被对区域气候时空演变的响应研究，对理解陆地生态系统对全球气候变化的区域响应具有重要的科学价值。

五、研究内容及拟解决的科学问题

（一）研究内容

随着学术界对全球变化的关注及遥感科学在生态学研究中的广泛应用，使对地域广阔、气候和生态敏感性高的蒙古高原的气候和植被的

交互作用开展大尺度、长时间序列的研究。

1. 蒙古高原水热条件变化规律

集成近 50 年的实测数据和 TRMM 数据，采用 Sen's 趋势、Mann-Kendall 趋势检验法以及空间地统计法，从年际和季节尺度分析蒙古高原及其不同植被区气候要素的时空演化特征；以站点数据为参考，利用相关系数 R 和均方根误差（Root Mean Square Error，RMSE）两个指标对 TRMM 数据进行精度评估，并对两种数据反演结果进行比较。

2. 蒙古高原植被 NDVI 时空格局

利用 1982~2013 年 GIMMS 遥感数据，从生长季、季节和月尺度计算 NDVI，分析研究区及其不同植被区 NDVI 时空变化特征。

3. 蒙古高原植被生长对气候变化的响应特征

利用 Kendall 等级相关系数与 t 检验法，分别从年际、季节和月尺度分析研究区及其不同植被区 NDVI 对气候要素的响应，为进一步探索植被变化对降水的滞后效应，计算月 NDVI 与前期（前 1 个月和前 2 个月）降水之间的相关系数，更好地探讨气候要素变化对植被生长不同阶段的影响机制。

（二）拟解决的科学问题

其一，从不同的时空尺度上，揭示蒙古高原水热条件和植被生长变化规律。

其二，阐明区域气候变化如何影响蒙古高原植被生长。

其三，验证 TRMM 卫星降水数据在区域降水时空规律研究中的适用性。

第
二
章

研究区概况、数据来源及
研究方法

一、研究区概况

蒙古高原泛指亚洲东北部高原地区，即东亚内陆高原，东起大兴安岭，西至阿尔泰山，北界为萨彦岭、雅布洛诺夫山脉，南界为阴山山脉，范围包括蒙古全境和中国华北北部（刘钟龄，1993）。经纬度范围为 37°24′~53°23′N、88°43′~126°04′E，南北跨度大，东西延伸长。本书选取了蒙古高原的主体部分，包括蒙古国和中国内蒙古自治区，行政区划上蒙古国包括 21 个省，内蒙古包括 12 个盟市（见图 2-1）。地势自西向东逐渐降低，大部分地区海拔在 1000~1500m。西北部地区多山地，西南部地区为戈壁荒漠，中部地区和东部地区为大片丘陵草原。

（一）气候特征

蒙古高原夏季受东亚夏季风的影响，高温多雨。冬季受西伯利亚—蒙古高压的影响，干燥寒冷，同时又是纬向环流必经之路，西风环流极为活跃（Qin et al.，2019）。

气候属于温带大陆性气候，大部分为干旱半干旱区，冬冷夏热。降水量远小于蒸发量，降水主要发生于 5~10 月，其降水量占到了年降水量的 90%以上。由于蒙古高原的北部地区和东部地区受北冰洋和太平洋的水汽影响，降水量由北向南和由东向西逐渐减小，气温自东北部地区向西南部地区逐渐升高。

蒙古高原的形成在全球气候系统中具有重要的地位，其隆升会显著加强北半球大气行星波，冬季位于东亚东岸的东亚大槽明显加深，位于日本附近的东亚西风急流也显著加强。蒙古高原对近地表天气气候系统也有重要作用，隆升前，西伯利亚高压位于我国东部地区，强度较弱，隆升后，其向北移动且强度加大，从而导致东亚地区冬季西北风增强（Shi et al.，2015）。

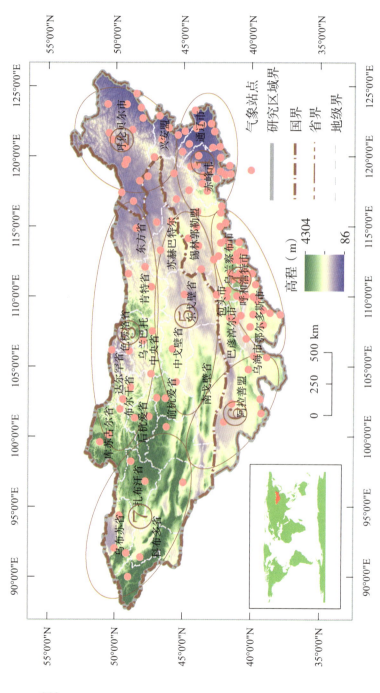

图2-1 研究区地理位置、行政区划和气象站点分布

①东南季风气候影响最显著，以辽河流域的典型草原为主的东南区；②受东南季风气候影响比较明显，同时受小笠原群岛（高压）发源的东南季风影响，以针阔叶混交林和草甸草原为主的东北区；③受北冰洋气候影响突出，大兴安岭一青特山以北，以针叶林和落叶阔叶林为主的北部区；④属于内陆气候及以广阔草原区，荒漠草原为主的中部区，主要指杭爱山以南、兴安岭以西，大青山以北地区；⑤属于东南季风和西风交接地带，而受亥尼山脉阻挡影响，其西麓雨水相对丰富的大青山以南土默特平川为中心的南部区；⑥受西风气候影响明显，蒙古阿尔泰一戈壁山以南，沙漠和戈壁为主的西南区；⑦属于北冰洋气候区，以山地和戈壁为主的西北区，被萨彦岭一蒙古阿尔泰一杭爱山包围。

为了便于气候和植被变化空间分析描述，在中国气象地理区划中二级气象地理分区原则的基础上（中国气象局预测减灾司，2006），参考研究区地貌和植被类型，把蒙古高原划分为七个区进行分析（见图2-1）。

（二）植被类型区

本书以内蒙古植被类型（中国科学院内蒙古宁夏综合考察队，1985）和蒙古国植被类型底图（Nandintsetseg and Shinoda，2014）为参考，对其进行地理配准和拼接等预处理，并在ArcGIS 10.1软件平台上进行矢量化、数字编码和对接等处理，形成了蒙古高原地区七种不同植被类型区（以下简称植被区），分别为针叶林区、落叶阔叶林区、草甸草原区、典型草原区、荒漠草原区、草原化荒漠区和荒漠区（见图2-2）。针叶林区和落叶阔叶林区属于森林区，草甸草原区、典型草原区和荒漠草原区属于草原区，草原化荒漠区和荒漠区属于荒漠区。

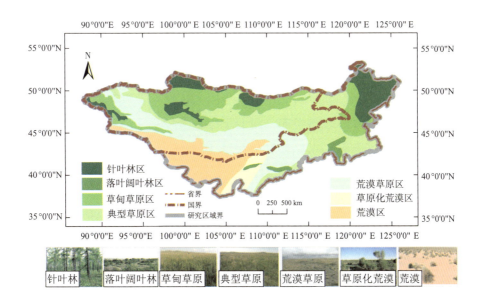

图2-2 研究区植被分区

针叶林区以西伯利亚落叶松（*Larix sibirica*）和兴安落叶松（*Larix gmelinii*）为建群种，主要分布于蒙古高原东北部的大兴安岭地区、西北部的杭爱山和阿尔泰山脉等地区（见图2-2），包括我国的呼伦贝尔市东半部、兴安盟北部以及蒙古国的库苏古尔省北部、扎布汗省东部和后杭爱省西南部地区、巴彦乌勒盖省西南部以及色楞格省、中央省、肯特省三省交界处。

落叶阔叶林区以山杨（*Populus davidiana*）和白桦（*Betula platyphylla*）为建群种，主要分布于燕山北部的山地和贺兰山等地区（见图2-2），包括赤峰市西半部分和北部、呼和浩特市中部蛮汉山附近、巴彦淖尔市和阿拉善盟交界处。

草甸草原区主要以狼针草（贝加尔针茅）（*Stipa baicalensis*）和羊草（*Leymus chinensis*）为建群种，主要分布于蒙古高原东北部和北部地区（见图2-2），包括我国的呼伦贝尔市偏西的南北中心地带、兴安盟大部分地区和蒙古国的东方省西北部、肯特省北部、中央省中北部、色楞格省西北部、布尔干省、库苏古尔省中南部、后杭爱省东北部、扎布汗省东北部、巴彦洪戈尔省北边境附近，巴彦乌列盖省中东部地区、科布多省中心地带等地。

典型草原区主要以大针茅（*Stipa grandis*）和西北针茅（克氏针茅）（*Stipa sareptana var. krylovii*）为建群种，主要分布于蒙古高原东西方向的中心地带和蒙古高原东半部分的西端（见图2-2），包括我国的通辽市南部、赤峰东半部、锡林郭勒盟中部大部分区域、鄂尔多斯东南部、呼和浩特市南端和乌兰察布市南端以及蒙古国的东方省大部、苏赫巴托尔省、肯特省南部、戈壁苏木贝尔省、中央省西部和南部、中戈壁省中北部、前杭爱省中部、乌布苏省东北部等地带。

荒漠草原区以石生针茅（小针茅）（*Stipa tianschanica var. klemenzii*）、沙生针茅（*Stipa glareosa*）和短花针茅（*Stipa breviflora*）为建群种，主要分布于蒙古高原中南部、中西部的中心地带以及部分西北地区（见图2-2），包括我国的锡林郭勒盟西南端、乌兰察布市中北部、呼和浩特市北部、包头市以及蒙古国的东戈壁省大部、中戈壁省南部、前杭爱省南端、巴彦洪戈尔省南部、戈壁阿尔泰省北部等地区。

草原化荒漠区以沙冬青（*Ammopiptanthus mongolicus*）、绵刺（*Potaninia mongolica*）、毛刺锦鸡儿（藏锦鸡儿）（*Caragana tibetica*）和四合木（*Tetraena mongolica*）为建群种，主要分布于鄂尔多斯高原西部（见图2-2）。

荒漠区主要以泡泡刺（*Nitraria sphaerocarpa*）和霸王（*Sarcozygium xanthoxylon*）为建群种，主要分布于蒙古高原西南地区（见图2-2），包括我国的阿拉善盟、巴彦淖尔市西端以及蒙古国的东戈壁省西南部、南戈壁省南半部分、巴彦洪戈尔省南部、戈壁阿尔泰省南部和科布多省南端等地。

二、数据来源

本书所用数据包括台站实测数据和遥感数据两种类型，其中实测数据内容包括降水量和气温，遥感数据包括植被指数遥感产品和卫星降水数据。具体情况描述如下：

（一）台站观测数据

本书收集了1961～2014年蒙古高原136个气象站点逐月降水量和气温数据，包括蒙古国境内34个站点（数据由蒙古国水文气象局提供），内蒙古境内102个站点（从内蒙古自治区气象局获取）。对每个站点数据资料进行质量控制，缺失的数据量不到0.1%，对个别月份缺失的降水量通过前后两年同一个月份的降水量取平均代替。在空间分布上，除蒙古高原西南部和中部的广阔荒漠区和草原区站点较稀少外，其余地区气象站点的分布较为均匀。

各植被区的气象站点分布情况：针叶林区（11）、落叶阔叶林区（12）、草甸草原区（20）、典型草原区（58）、荒漠草原区（24）、草原化荒漠区（5）、荒漠区（6）。

（二）遥感数据

本书所用的遥感数据如表 2-1 所示。

表 2-1   本书所用的空间数据相关信息

数据类型		时间分辨率	空间分辨率	时间范围	质量控制
实测数据	气温和降水	月集	141 个站点	1961~2014 年	逐一进行质量控制
	GIMMS/NDVI	15 天	8km×8km	1982~2013 年	good quality
遥感数据	TRMM 3B43 V7	月	0.25°×0.25°	1998~2016 年	good quality
	STRM	—	90m×90m	—	—

1. 卫星遥感降水数据

热带降水测量卫星（Tropical Rainfall Measuring Mission，TRMM）于 1997 年 11 月 28 日发射，由美国国家航空航天局和日本国家空间发展署共同研制。本书采用了 TRMM 卫星第 7 版 3 级产品 TRMM 3B43 V7 的月降水栅格数据（以下简称 TRMM 数据），其单位是 mm/h（毫米/小时），该卫星降水数据由 NASA 网站（http：//trmm.gsfc.nasa.gov/）提供下载，而且 TRMM 3B43 V7 产品已经过地面站降水量数据订正，其数据格式有 NetCDF 和 HDF，覆盖范围为 50°S~50°N，时间范围为 1998~2016 年，空间分辨率为 0.25°×0.25°。

本书选用 HDF 格式数据，在 ArcGIS10.1 软件平台中进行投影定义、转换投影和裁剪等预处理，并按照式（2-1）转换为月降水量数据，从而得到研究区 1998~2016 年 TRMM 降水量数据，单位是 mm/month（毫米/月）：

$$T_m = 24 \times T_p \times d \qquad (2-1)$$

式中：T_m 为月降水量（mm）；T_p 为降水率（mm/h）；d 为该月的日数。1 月、2 月和前一年 12 月的月降水量相加得到当年冬季降水量，3 月、4 月和 5 月的降水量相加得到春季降水量，6 月、7 月和 8 月的降水量相加得到夏季降水量，9 月、10 月和 11 月的降水量相加得到秋季降水量，四季降水量的总和为年降水量。

2. GIMMS/NDVI 数据集

源于 NOAA/AVHRR 遥感影像的 NDVI 数据是目前最常用的遥感植被数据，其时间覆盖范围为 1981 年 7 月至 2013 年 12 月，空间分辨率为 8km×8km，时间分辨率为 15 天。GIMMS NDVI3g 数据集是 AVHRR NDVI 数据对外开放可利用的最新版本，该数据集是对两次火山爆发影响、多维度轨道漂移和卫星交替影响进行纠正，然后经过辐射校正、几何校正、大气订正、归一化处理等一系列系统预处理过的数据集，在很大限度上降低了可能出现的系统性误差。

3. 其他空间数据

采用"航天飞机雷达地形测量"（SRTM）高程数据生成研究区高程分布图，其空间分辨率为 90m×90m（见图 2-1）。

三、研究方法

（一）植被生长指标的选择及其计算方法

TINDVI（Time-Integrated Normalized Difference Vegetation Index）是基于归一化植被指数（Normal Differential Vegetation Index，NDVI）的时间积分值，一般表示从生长季开始到结束这一时间段内的 NDVI 积分值（生长季累积 NDVI）（见图 2-3），它代表植被在年内生长的综合状况，其计算公式为：

$$TINDVI = \int_{TG}^{TS} NDVI dt + [NDVI(TG) - NDVI(TS)] DUR/2$$

(2-2)

式中：TG 和 TS 为生长季开始和结束时间，DUR 为生长季长度，dt 为时间步长。

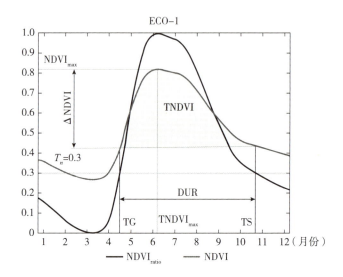

图 2-3　基于NDVI 年内变化曲线的生长季累积NDVI 提取

由于蒙古高原大部分地区植被在冬季几乎停止生长或被积雪覆盖等，本书根据前期研究和研究区植被的特征，选取研究区 1982~2013 年生长季（4~10 月）植被 GIMMS NDVI 数据，进行植被动态变化研究。其中，采用最大合成法获取月 NDVI 值，然后对 4~5 月的 NDVI 值进行平均得到春季 NDVI 值，对 6~8 月的 NDVI 值进行平均得到夏季 NDVI 值，对 9~10 月的 NDVI 值进行平均得到秋季 NDVI 值。累加每年 4~10 月每半月的 NDVI 数据，将得到每年生长季累积 NDVI。

（二）植被与气候要素时空特征分析方法

1. Sen's 趋势和 Mann-Kendall 趋势统计检验方法

本书使用的统计检验方法是 Mann-Kendall 趋势检验法（以下简称

M-K 趋势检验法），是一种非参数统计检验方法（Mann，1945）。M-K 趋势检验法于 1945 年首次由 Mann 提出并使用，当时仅是一种用于检测时间序列变化趋势的方法。Kendall 改进了这种方法，并使其更加完善。改进之后能够更加有效地测定各种变化趋势的起始位置，并且以检测范围较宽、定量化程度较高等优点而历久弥新，广泛应用于各个领域的统计检验。M-K 趋势检验法与传统参数检验法对比，其主要优点是：不要求检验的变量样本必须服从某一种分布（如正态分布），规避离群数据和测量误差数据的能力强，因此在变量趋势检验和分析中得到了高度评价（Yue et al.，2002；康淑媛等，2009）。其检验统计方法如下：

假定 X_1，X_2，$\cdots$，X_n 的时间序列变量，n 为时间序列的长度，M-K 趋势检验法定义了要检验的统计量 S：

$$S = \sum_{i=1}^{n-1} \sum_{j=i+1}^{n} \text{sign}(x_j - x_i) \qquad (2-3)$$

式中：x_i，x_j 分别为第 i、第 j 年相应的序列数据，且 $j>i$，其中

$$\text{sign}(\theta) = \begin{cases} 1 & (\theta>0) \\ 0 & (\theta=0) \\ -1 & (\theta<0) \end{cases} \qquad (2-4)$$

因为当 $n \geq 8$ 时，统计变量 S 近似为正态分布，其均值和方差为

$$E(S)=0 \quad \text{Var}(S) = \frac{n(n-1)(2n+5)}{18} \qquad (2-5)$$

则标准化后的检验统计量为

$$Z = \begin{cases} \dfrac{S-1}{\sqrt{\text{Var}(S)}} & (S>0) \\ 0 & (S=0) \\ \dfrac{S+1}{\sqrt{\text{Var}(S)}} & (S<0) \end{cases} \qquad (2-6)$$

标准化后的检验统计量 Z 为标准正态分布。原假设为该序列无趋势，采用双边趋势检验，在给定显著性水平下，在标准正态函数分布表中查得临界值 $Z_{1-a/2}$。如果 $|Z| > Z_{1-a/2}$，表明没有趋势的假设被拒绝，

存在明显趋势变化；当 $|Z| < Z_{1-a/2}$ 时，接受原假设，即趋势不显著。

M–K 趋势检验法的不足是无法给出趋势的定量描述，因而国际上常常将 M–K 趋势检验法和 Sen's 趋势度方法结合，形成一套最优化的趋势判断方法体系。M–K 趋势检验法变化趋势的斜率以 Sen's 趋势度来确定，即所有可能斜率的中值，也称 Sen 斜率。

Sen's 趋势度 β 计算公式为

$$\beta = \text{mean}\left(\frac{x_j - x_i}{j - i}\right), \quad \forall j > i \tag{2-7}$$

当 $\beta > 0$ 时，反映上升的趋势；反之，则反映下降的趋势。

Sen's 趋势度和 M–K 趋势检验法能很好地结合起来，成为长时序数据趋势分析和检验的重要方法，是国际气象组织（WMO）推荐应用于环境数据时间序列趋势分析的方法，并且国外已经在植被长时序分析中得到逐渐运用（Beurs and Henebry，2010）。

2. 变异系数

为了评估生长季累积 NDVI 值在时间序列上的稳定性，逐像元计算 1982~2013 年 32 年的生长季累积 NDVI 的标准差和平均值，然后采用式（2-8）计算其变异系数（C. V.），得到变异系数空间分布图。

$$\text{C. V.} = \frac{\sigma}{\bar{x}} \tag{2-8}$$

式中：C. V. 为变异系数，σ 为标准差，$\bar{x}$ 为均值。C. V. 值越大，表明数据分布越离散，时间序列数据波动越大；反之，则数据分布为紧凑，时间序列数据越稳定。

3. 空间地统计方法

地统计学方法是以区域化变量为核心和理论基础，以矿质的空间结构（空间相关）和变异函数为基本工具的一种数学方法（岳文泽等，2005）。区域化变量是指那些分布于空间并显示出一定结构性和随机性的自然现象。它有两个最基本的假设，即平稳假设和本征假设，它要求所有的随机误差都是二阶平稳的，也就是随机误差均值为零，且任何两个随机误差之间的协方差依赖它们之间的距离和方向，而不是它们的确切位置。经典地统计学理论包括半方差函数及其模型和克里金插值方法。

克里金法（Kriging）是利用原始数据和半方差函数的结构性，对未采样点的区域化变量进行无偏最优估值的一种插值方法，其实质是一个实行局部估计的加权平均值。Kriging 插值可为空间格局（在空间上有规律的分布）分析提供从取样设计、误差估计到成图的理论和方法，可精确描述所研究的变量在空间上的分布、形状、大小、地理位置或相对位置，这在确定空间定位图式（格局）方面是比较有效的方法。

地统计学提供了大量的克里金法来对未采样点进行插值和预测（李新等，2000）。除了普通克里金法、简单克里金法、泛克里金法，还相继出现了协同克里金法、指示克里金法、转换克里金法、概率克里金法等。这些方法各有特点，像协同克里金法可以用易于求测的变量去估值难以求测的变量，指示克里金法能对连续的变量进行特征变换，并对估值结果提供超过一定阈值的概率。使用者可以根据不同的研究目的和侧重点来选择不同的地统计学方法。

（三）植被对气候变化的响应特征分析方法

1. Kendall's Tau 等级相关系数

Kendall's Tau 等级相关系数是一个用来测量两个随机变量相关性的统计值。Kendall 检验是一个无参数假设检验，使用它计算出的相关系数是检验两个随机变量的统计依赖性。Kendall 相关系数（τ）的取值范围在 $-1 \sim 1$，当 τ 为 1 时，表示两个随机变量拥有一致的等级相关性；当 τ 为 -1 时，表示两个随机变量拥有完全相反的等级相关性；当 τ 为 0 时，表示两个随机变量是相互独立的。

假设两个随机变量分别为 X、Y（也可以看作两个集合），它们的元素个数均为 N，两个随机变量取的第 i（$1 \leqslant i \leqslant N$）个值分别用 X_i、Y_i 表示。X 与 Y 中的对应元素组成一个元素对集合 XY，其包含的元素为 (X_i, Y_i)（$1 \leqslant i \leqslant N$）。当集合 XY 中任意两个元素 (X_i, Y_i) 与 (X_j, Y_j) 的排行相同时（也就是说，当出现情况 1 或情况 2 时。情况 1：$X_i>X_j$ 且 $Y_i>Y_j$。情况 2：$X_i<X_j$ 且 $Y_i<Y_j$），这两个元素就被认为是一致的。当出现情况 3 或情况 4 时（情况 3：$X_i>X_j$ 且 $Y_i<Y_j$。情况 4：$X_i<X_j$ 且 $Y_i>Y_j$），这两个元素被认为是不一致的。当出现情况 5 或情况 6 时（情况 5：$X_i=X_j$。情况 6：$Y_i=Y_j$），这两个元素既不是一致的，也不是不一致的，而是合并为一小集合。

这里用三个公式来计算 *Kendall's Tau* 等级相关系数的值：

$$\text{Tau}-a = \tau_a = \frac{C-D}{\frac{1}{2}N(N-1)} \qquad (2-9)$$

$$\text{Tau}-b = \tau_b = \frac{C-D}{\sqrt{(N_3-N_1)(N_3-N_2)}} \qquad (2-10)$$

$$\text{Tau}-c = \tau_c = \frac{C-D}{\frac{1}{2}N^2\frac{N-1}{N}} \qquad (2-11)$$

$$N_3 = \frac{1}{2}N(N-1); \quad N_2 = \sum_{i=1}^{s}\frac{1}{2}U_i(U_i-1); \quad N_1 = \sum_{i=1}^{s}\frac{1}{2}V_i(V_i-1)$$

$$(2-12)$$

式中：C 为 X 与 Y 中拥有一致性的元素对数（两个元素为一对）；D 为 X 与 Y 中拥有不一致性的元素对数。将 X 中的相同元素分别组合成小集合，s 为集合 X 中拥有的小集合数（如 X 包含元素：1，2，3，4，3，3，2，那么这里得到的 s 则为 2，因为只有 2、3 有相同元素），U_i 为第 i 个小集合所包含的元素数。N_2 在集合 Y 的基础上计算而得。

需要注意的是，式（2-9）仅适用于集合 X 与 Y 中均不存在相同元素的情况（集合中各个元素唯一）；式（2-10）适用于集合 X 或 Y 中存在相同元素的情况，若 X 或 Y 中均不存在相同的元素，式（2-10）便等同于式（2-9）；式（2-11）中没有考虑集合 X 或 Y 中存在相同元素给最后的统计值带来的影响，这一计算形式仅适用于用表格表示的随机变量 X、Y 之间相关系数的计算。

综上所述，最为适用的是式（2-10），因为其考虑了集合 X 或 Y 中存在相同元素带来的影响。

2. 皮尔逊相关分析

采用皮尔逊相关系数法，分析植被生长与典型月份气候要素之间的相关系数 R，其绝对值越接近于 1，表示相关性越强，越接近于 0，表示相关性越弱，计算公式如下：

$$R = \frac{N \sum x_i y_i - \sum x_i \sum y_i}{\sqrt{N \sum x_i^2 - (\sum x_i)^2} \sqrt{N \sum y_i^2 - (\sum y_i)^2}} \tag{2-13}$$

式中：x_i 是第 i 年植被生长指数；y_i 是第 i 年降水量或气温要素；N 是全部属性的总和。

相关分析一直是统计学领域研究的热点，其研究始于 20 世纪 90 年代初期。相关性是表征两个随机变量之间线性关系紧密的强弱程度。如果一个随机变量随着另一个随机变量的增大（减小）而增大（减小），则这两个随机变量呈正相关关系；反之，如果一个随机变量随着另一个随机变量的增大（减小）而减小（增大），则这两个随机变量满足负相关关系。

经典的相关关系计算法有三种，分别是统计学奠基人 Pearson 提出的皮尔逊积矩相关系数（Pearson's Product Moment Correlation Coefficient，PPMCC）、心理学家 Spearman 提出的斯皮尔曼秩次相关系数（Spearman's Rho，SR）及统计学家 Kendall 提出的肯德尔秩次相关系数（Kendall's Tau，KT）。上述三种方法各有优缺点，对于参数统计而言，最常用的是皮尔逊积矩相关系数法，通常用 r 来表示两个随机变量 X 和 Y 之间的相关关系，当 r 为正数时，表示这两个随机变量呈正相关关系；当 r 为负数时，表示这两个随机变量呈负相关关系，其中 r 的取值范围介于−1 与 1。两个随机变量之间的相关系数可定义为这两个随机变量的协方差与两者标准差积之间的商，相关系数 R 可表示为

$$R = \frac{\sum_{i=1}^{n}(X_i - \overline{X})(Y_i - \overline{Y})}{\sqrt{\sum_{i=1}^{n}(X_i - \overline{X})^2}\sqrt{\sum_{i=1}^{n}(Y_i - \overline{Y})^2}}$$ (2-14)

由式（2-14）可知，皮尔逊积矩相关系数的绝对值小于等于1。当相关系数为 1 或者−1 时，表示这两个随机变量完全相关，所有采集的数据点都精确地落在某一条直线上；当 $r = 1$ 时，表示 X 和 Y 之间完全正相关，X 和 Y 之间有较好的线性关系，即 Y 随着 X 的变大而变大；当 $r = -1$ 时，表示 X 和 Y 之间完全负相关，X 和 Y 之间也存在较好的线性关系，同时 Y 随着 X 的变大而减小；当 $r = 0$ 时，则表示 X 和 Y 之间没有线性关系。关联程度如表 2-2 所示。

表 2-2　皮尔逊积矩相关系数的关联程度

$\lvert r \rvert$ 的值	$\lvert r \rvert = 0$	$\lvert r \rvert \leqslant 0.3$	$0.3 < \lvert r \rvert \leqslant 0.5$	$0.5 < \lvert r \rvert \leqslant 0.8$	$0.8 < \lvert r \rvert \leqslant 1$	$\lvert r \rvert = 1$
相关程度	完全不相关	微弱相关	低度相关	显著相关	高度相关	完全相关

（四）卫星降水数据精度评价法

使用相关系数 R、均方根误差（RMSE）两个误差评价指标，对卫星降水数据进行精度评估。其中，相关系数 R 表示卫星降水数据与站点降水数据之间的线性相关程度；均方根误差 RMSE 用来评估误差的整体水平，其计算公式如下（Nastos et al.，2016）：

$$R = \frac{\sum_{i=1}^{n}(x_i - \overline{x})(y_i - \overline{y})}{\sqrt{\sum_{i=1}^{n}(x_i - \overline{x})^2 \sum_{i=1}^{n}(y_i - \overline{y})^2}}$$ (2-15)

$$RMSE = \sqrt{\frac{\sum_{i=1}^{n}(x_i - y_i)^2}{n}} \qquad (2-16)$$

式（2-15）和式（2-16）中：x_i 为卫星数据降水量（mm），y_i 为站点降水量（mm），n 为数据记录的总个数，$\bar{x}$ 和 $\bar{y}$ 分别为卫星数据降水量和站点降水量的均值（mm）。

第三章

蒙古高原水热条件变化规律

气候变化是长时期大气状态变化的反映，分析区域气候变化趋势对于了解生态环境变化原因具有重要意义，其中降水量和气温是影响蒙古高原植被生长状况的最主要的气候因素。本书根据1961~2014年蒙古高原136个站点实测数据以及TRMM数据，分析降水量和气温年际变化和季节变化的时空特征；参考实测数据，利用相关系数R和均方根误差（RMSE）两个误差评价指标，对TRMM数据进行精度评估，并对两种数据的时空反演结果进行对比。

一、实测降水量时空变化特征

（一）时间变化

分析发现，1961~2014年蒙古高原多年平均年降水量为305.58mm，最大值为413.62mm（1998年），最小值为231.10mm（1965年），两者相差182.52mm，标准差为40.79mm，年降水量年际波动较大。Sen's趋势分析发现，年降水量呈微弱下降趋势，速率为−2.30mm/10a（$p>0.05$）（图3−1a）。从年降水量距平及5年滑动平均曲线可知，整体上20世纪60~80年代末以周期波动变化为主，20世纪90年代以正距平为主，2000年以后以负距平为主（见图3−1b）。

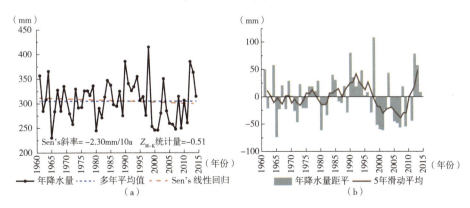

图3−1　1961~2014年年降水量的年际变化及其距平序列的5年滑动平均曲线

由图 3-2 可知，落叶针叶林区、草原化荒漠区和荒漠区的区域平均年降水量呈增加趋势，变化幅度分别为 4.543mm/10a、1.461mm/10a 和 1.976mm/10a，其余植被区年降水量呈减少趋势，减少幅度依次为：典型草原区 （-4.813mm/10a）>草甸草原区 （-2.447mm/10a）>落叶阔叶林区 （-1.336mm/10a）>荒漠草原区 （-0.024mm/10a）。

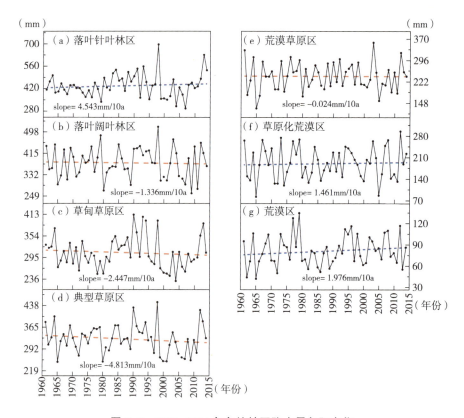

图 3-2　1961~2014 年各植被区降水量年际变化

分析发现，多年平均春季降水量为 40.6mm，占年降水量的 13.3%，最大值为 73.6mm （2010 年），最小值为 22.6mm （1986 年），两者相差 50.9mm，标准差和变异系数分别为 11.1mm 和 27.5% （见表 3-1）。由图 3-3 看出，春季降水量增加趋势显著 （$p < 0.05$），上升速率为 1.95mm/10a。从距平曲线可看出，春季降水量在 1990 年之前负距平特

征明显，20 世纪 90 年代前半期为正距平、后半期为负距平，在 2000 年之后正距平特征显著。

表 3-1　四季降水量特征统计

时间	均值（mm）	变异系数（%）	标准差（mm）	最大值（mm）	最小值（mm）	极差（mm）
春季	40.6	27.5	11.1	73.6	22.6	50.9
夏季	207.9	16.9	35.1	296.2	141.4	154.8
秋季	50.4	27.5	12.6	88.4	27.3	61.1
冬季	6.8	29.9	2.0	10.6	3.2	7.4

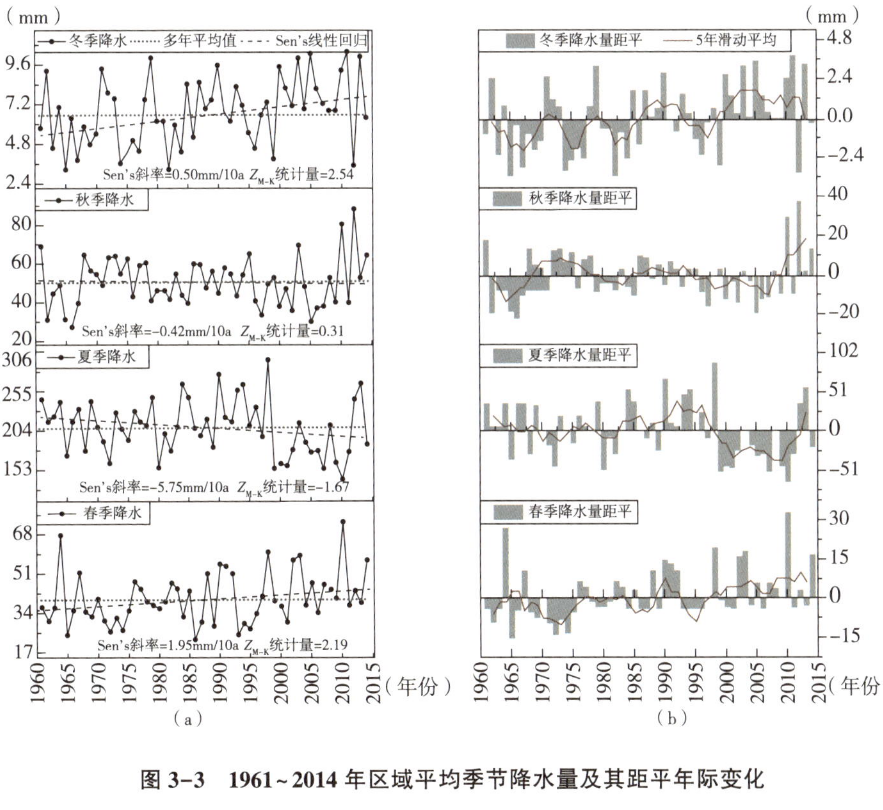

图 3-3　1961~2014 年区域平均季节降水量及其距平年际变化

多年平均夏季降水量为 207.9mm，占年降水量的 68%，最大值为 296.2mm（1998 年），最小值为 141.4mm（2010 年），两者相差 154.8mm，标准差和变异系数分别为 35.1mm 和 16.9%，在四季降水量年际变化中变异系数最小。夏季降水量呈减少趋势，变化幅度为-5.75mm/10a（$p>0.05$），减少幅度大于年降水量减少幅度（-2.30mm/10a）。1989年之前以周期波动变化为主，变化趋势不明显，20世纪90年代以正距平为主，2000之后以负距平为主。

多年平均秋季降水量为50.4mm，占年降水量的16.5%，最大值为88.4mm（2012年），最小值为27.3mm（1966年），两者相差61.1mm，标准差和变异系数分别为12.6mm和27.5%，秋季降水量变异系数与春季相同，而与春季相反的是秋季降水量呈微弱下降趋势，为-0.42mm/10a。20世纪60~80年代以波动变化为主，20世纪90年代以负距平为主，2000~2008年为负距平，2008年之后以正距平为主。

多年平均冬季降水量为6.8mm，占年降水量的2.2%，最大值为10.6mm（2012年），最小值为3.2mm（1966年），两者相差7.4mm，标准差和变异系数分别为2.0mm和29.9%，四季降水量年际变化中变异系数最大，即变化波动性最大。冬季降水量呈波动增长趋势，为0.50mm/10a（$p<0.05$），从距平曲线可看出，1985年以前以5~8年周期波动变化为主，1985年之后正距平特征明显。

（二）空间变化

从多年平均年降水量空间分布（见图3-4）可看出，年降水量呈现从蒙古高原北部、东北部和东南部向南、西南和西北逐渐递减的环带状空间分布特征，由湿润、半湿润过渡到半干旱和干旱气候。

研究区东北部和东南部、南部的小部分地区年降水量在400~500mm，东北部包括呼伦贝尔市东部、兴安盟，东南部包括赤峰市喀喇沁旗、敖汉旗南部，南部包括呼和浩特市南部的清水河县等；蒙古高原东南部大部分地区、北部、东北部西端以及南部大青山以南地区年降水量在300~400mm，东南部包括通辽市、赤峰市的大部分地区、锡林郭勒盟东南部，北部地区包括蒙古国肯特省肯特山以北、库苏古尔省东北部地区、后杭爱省东北部、布尔干省、鄂尔浑省、色楞格省西部，东北

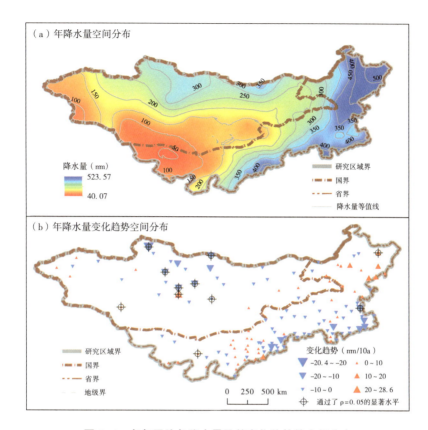

图3-4　多年平均年降水量及其变化趋势的空间分布

部西端包括呼伦贝尔市西部、蒙古国东方省小部分地区，南部大青山以南地区包括乌兰察布市南部、呼和浩特市大部分地区以及鄂尔多斯市东南部；蒙古高原西北部—北部—中东部—南部地区的环状地带年降水量在200～300mm，西北部包括扎布汗省、乌布苏省东部等，北部包括苏赫巴托尔省、肯特省南部、中央省、前杭爱省北部、后杭爱省西部、库苏古尔省西南部和蒙古国的东方省等，中东部包括呼伦贝尔市西部，锡林郭勒盟中部等，南部包括鄂尔多斯市中部、包头市大部、乌兰察布市中部等；蒙古高原中部和西北部地区年降水量在100～200mm，中部包括蒙古国前杭爱省、中戈壁省、前戈壁省、东戈壁省、戈壁苏木贝尔省以及内蒙古锡林郭勒盟西部、乌兰察布市北部、巴彦淖尔市大部分等地区，西北部包括蒙古国乌布苏省、巴彦乌勒盖省、科布多省、戈壁阿尔泰省西北部、巴彦洪戈尔省中部等；蒙古高原西南部以及西北部最西端地区年降水量在100mm以下，西南部包括阿拉善盟中西大部分，蒙古国戈壁阿尔泰省中南部、巴彦洪戈尔省南部、前戈壁省西南部等地区，西北部最西端包括蒙古国科布多省西南部。

实测数据站点统计结果表明，年降水量呈增加（减少）趋势的站点为53个（83个），占全部站点的39%（61%），其中显著增加（减少）（$p<0.05$）的站点数为4个（7个）。从年降水量变化趋势空间分布来看（见图3-4b），呈减少趋势的站点主要分布于东南部（通辽市、赤峰市大部分、锡林郭勒盟、乌兰察布市）和蒙古国北部地区（肯特省、色楞格省、中央省、布尔干省、后杭爱省、库苏古尔省、中戈壁省），其中呈显著（$p<0.05$）减少趋势的站点主要集中于北部，如仁沁站（-20.4mm/10a）、高力板站（-18mm/10a）、额尔德尼满都拉站（-16.8mm/10a）、苏赫巴特尔市站（-15.9mm/10a）、额尔德尼山达站（-15.1mm/10a）、郝吉日特站（-12.3mm/10a）、曼达尔戈壁站（-9.8mm/10a）。

呈增加趋势的站点主要分布于研究区东北部、南部和西北部地区，东北部包括呼伦贝尔市、兴安盟等地区，南部包括呼和浩特市、包头市、鄂尔多斯市、巴彦淖尔市等地区，西北部包括蒙古国巴彦乌勒盖省、科布多省、戈壁阿尔泰省、前杭爱省中部等地区；呈显著增加趋势的站点主要集中于研究区西南部以及东北部地区，分别为阿尔贝赫尔站（28.6mm/10a）、陶斯特苏木站（9.5mm/10a）和巴音诺尔公站（9.8mm/10a）以及东北部的鄂伦春站（18.9mm/10a）。

从多年平均季节降水量空间分布（见图3-5）可以看出，春季、夏季、秋季三个季节的降水空间分布特征与年降水空间分布特征相似，即从蒙古高原北部、东北部和东南部向南部、西南部和西北部逐渐递减。

春季降水量为10.3~62.7mm，东北部和东南部、南部小部分地区的春季降水量为50~60mm，东北部的西半部、东南部的北半部以及南部的东西方向中心地带为40~50mm，北部—东北部西端—中部东端—

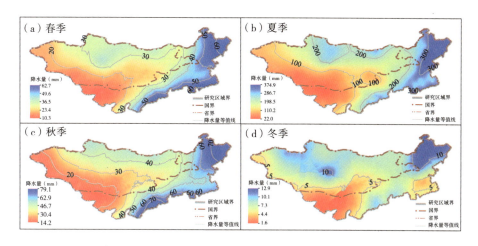

图3-5　多年平均季节降水量空间分布

南部北端环状地带为30~40mm，中部和西北部为20~30mm，西南部小于20mm。

夏季降水量为22.0~374.9mm，东北部和东南部最南端宁城县等地区为300~400mm，北部—东北部的西半部—东南部—南部的南半部环状地带为200~300mm，西北部的西半部—中部的东半部—南部的北半部地区为100~200mm，西北部的西半部—中部的西南和中心地区—西南部地区小于100mm。

秋季降水量为14.2~79.1mm，东北部、南部、东南部宁城县、敖汉旗等地区在60mm以上，北部、东北部的西半部、东南部、南部的北部地区为40~60mm，西北部、中部以及西南部的东南地区为20~40mm；西北部西端以及西南部的大部分地区小于20mm。

冬季降水量的空间分布特征与其他季节相比较特殊，降水量为1.6~12.9mm，各地区之间差异较小。东北部和中部的杭爱山区在10mm以上，西北部、北部和东南部地区为5~10mm，其他地区均小于5mm。

从季节降水量变化趋势站点统计结果（见表3-2）可以看出，春季呈增加趋势和减少趋势的站点数分别为121个和15个，分别占全部站点的89.0%和11.0%，其中呈显著增加趋势（$p<0.05$，以下相同）的

站点数为 16 个，呈显著减少趋势的站点数为 0。

表 3-2 季节降水量变化趋势站点统计结果

季节	增加趋势不显著 ($p>0.05$)		显著增加趋势 ($p<0.05$)		减少趋势不显著 ($p>0.05$)		显著减少趋势 ($p<0.05$)	
	站点数（个）	百分比（%）	站点数（个）	百分比（%）	站点数（个）	百分比（%）	站点数（个）	百分比（%）
春季	105	77.2	16	11.8	15	11.0	0	0
夏季	25	18.4	2	1.5	96	70.6	13	9.6
秋季	74	54.4	4	2.9	55	40.4	3	2.2
冬季	82	60.3	33	24.3	20	14.7	1	0.7

夏季呈增加趋势和减少趋势的站点数分别为 27 个和 109 个，分别占全部站点的 19.9% 和 80.1%，多数站点表现为减少趋势，其中呈显著增加趋势的站点数为 2 个，占全部站点的 1.5%；呈显著减少趋势的站点数为 13 个，占全部站点的 9.6%。

秋季呈增加趋势和减少趋势的站点数分别为 78 个和 58 个，分别占全部站点的 57.4% 和 42.6%，其中呈显著增加趋势和显著减少趋势的站点分别为 4 个和 3 个，分别占全部站点的 2.9% 和 2.2%。

冬季呈增加趋势和减少趋势的站点数分别为 115 个和 21 个，分别占全部站点的 84.6% 和 15.4%，其中呈显著增加趋势的站点为 33 个，占全部站点的 24.3%；呈显著减少趋势的站点为 1 个，占全部站点的 0.7%。

总体上，春季、秋季和冬季三个季节的降水量呈增加趋势的站点居多，而夏季降水量呈减少趋势的站点居多。

从季节降水量变化趋势的站点空间分布（见图 3-6）可以看出，春季降水量变化趋势在 -2.3~7.2mm/10a（见图 3-6a），空间分布上整体增加明显，其中东南部和西北部地区增加显著，东南部主要包括内蒙古兴安盟、赤峰市、通辽市和呼伦贝尔市东部等地区，西北部主要包括蒙古国乌苏尔省、扎布汗省、前杭爱省、戈壁阿尔泰省以及中央省等地区，其中，显著增加的站点如 Tosontsengel 站（2.29mm/10a）、Baruunturuun 站（2.78 mm/10a）、

Tsogt sum 站（0.93mm/10a）、喀喇沁旗（7.2mm/10a）、乌兰浩特市站（6.6mm/10a）、莫力达瓦旗站（6.2mm/10a）、开鲁县站（5.5mm/10a）；减少趋势站点零散分布于南部和西北部地区，其中无呈显著减少趋势站点。

从图 3-6b 可以看出，夏季降水量变化趋势为-23.6～17.2mm/10a，减少站点主要分布于北部和东南部地区，北部主要包括蒙古国色楞格省、中央省、后杭爱省、布尔干省、库苏古尔省、中戈壁省等地区，东南部主要包括内蒙古兴安盟南部、通辽市、赤峰市、锡林郭勒盟、乌兰察布市、呼和浩特市、包头市、鄂尔多斯市等地区，其中呈显著减少趋势站点如 Sukhbaatar 站（-11.86mm/10a）、Tsetserleg 站（-11.33mm/10a）、Erdenemandal（-14mm/10a）、高力板站（-23.6mm/10a）、兴和县站（-17.2mm/10a）、科尔沁左翼后旗站（-17.2mm/10a）和卓资县站（-16.4mm/10a）等；增加趋势站点主要分布于东北部和西南部地区，东北部主要包括呼伦贝尔市、锡林郭勒盟东北部、东方省南部等地区，西南部主要包括鄂尔多斯市东北部、阿拉善盟南部、前杭爱省、戈壁阿尔泰省等地区，其中呈显著增加趋势的站点分别为蒙古国陶斯特苏木站（5.3mm/10a）和阿尔贝赫尔站（10.78mm/10a）。

从图 3-6c 可以看出，秋季降水量变化趋势为-6～5.2mm/10a，增加趋势站点主要分布于南部和西南部地区，南部主要包括锡林郭勒盟西部、乌兰察布市、呼和浩特市、包头市、鄂尔多斯市、巴彦淖尔市、阿拉善盟等地区，西南部主要包括前杭爱省、戈壁阿尔泰省和东戈壁省等地区，其中呈显著增加趋势的站点为阿尔贝赫尔站（2.1mm/10a）、赛音山达站（2.1mm/10a）、陶斯特苏木站（3.5mm/10a）和巴音诺尔公站（3.7mm/10a）；减少趋势站点主要分布于北部和东南部地区，北部主要包括蒙古国库苏古尔省、布尔干省、色楞格省、中央省等地区，东南部主要包括内蒙古呼伦贝尔市东北部、兴安盟、通辽市、赤峰市东部、锡林郭勒盟东北部等地区，其中呈显著减少趋势的站点集中于北部地区，如仁沁站（-6mm/10a）、苏赫巴特尔市（-4.46mm/10a）和呼塔格温都尔苏木站（-4mm/10a）。

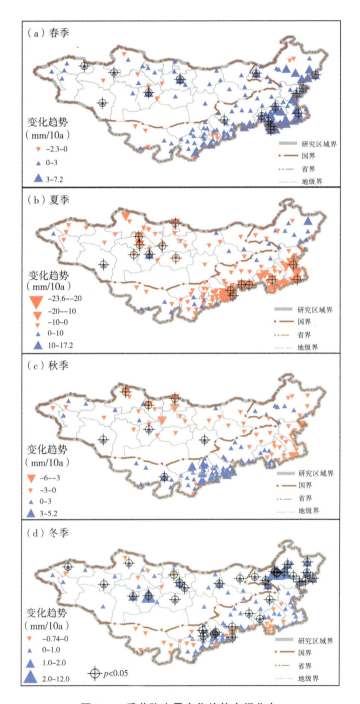

图 3-6　季节降水量变化趋势空间分布

从图 3-6d 看出，冬季降水量变化趋势为 -0.74 ~ 12.0mm/10a，呈增加趋势的站点主要分布于东北部、北部、西北部、南部等大部分地区，而且其中多数站点为显著增加，如阿尔拜赫雷站（12.0mm/10a），牙克石站（2.8mm/10a）、海拉尔站（2.6mm/10a）、鄂温克旗站（2.5mm/10a）和陈巴尔虎旗站（2.5mm/10a）等；冬季降水量减少趋势不明显，东南部和西南部地区相对集中。

总体上，蒙古高原夏季降水量减少明显，其中东南部和北部夏季降水量减少显著。春季、秋季和冬季降水量呈增加趋势，其中春季、冬季降水量整体呈增加趋势，北部和南部降水量增加显著，尤其是春季东南部降水量增加显著；秋季西南部和东北部地区降水量增加明显，而北部和东南部降水量减少显著。

二、实测气温时空变化特征

（一） 时间变化

Sen's 趋势分析发现，1960 ~ 2015 年研究区年均气温呈显著上升趋势，上升速率为 0.354℃/10a（$p < 0.01$）（见图 3-7a）。多年平均年气温为 3.27℃，最大值为 5.11℃（2007 年），最小值为 1.53℃（1969 年），两者相差 3.58℃，标准差和变异系数分别为 0.787℃ 和 24.04%，年际波动显著。从年均气温距平及 5 年滑动平均曲线可知，1989 年以前以负距平为主，1989 年以后以正距平为主（见图 3-7b）。

由图 3-8 可知，各植被区年均气温均呈上升趋势，其上升幅度依次为：草原化荒漠区（0.456℃/10a）>荒漠草原区（0.398℃/10a）>针叶林区（0.389℃/10a）>草甸草原区（0.348℃/10a）>荒漠区（0.344℃/10a）>典型草原区（0.33℃/10a）>落叶阔叶林区（0.314℃/10a），均呈显著增加趋势（$p < 0.05$）。年平均气温距平及 5 年滑动平均曲线表明各植被区年平均气温在 20 世纪 80 年代末 90 年代

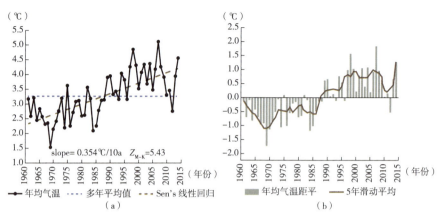

图 3-7　研究期年平均气温年际变化及其距平序列的 5 年滑动平均曲线

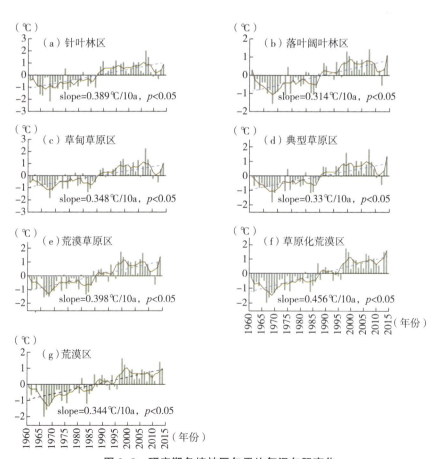

图 3-8　研究期各植被区年平均气温年际变化

初都发生了突变，突变前以负距平为主，之后以正距平为主。

从研究区季节气温的基本特征可知（见表3-3），夏季气温最高，其次为春季和秋季，冬季气温最低。从变异系数的大小可知，秋季、春季气温变化波动最大，夏季气温变化最小，大小依次为：秋季>春季>冬季>夏季。

表3-3　季节气温特征统计

时间	均值（℃）	变异系数（%）	标准差（℃）	最大值（℃）	最小值（℃）	极差（℃）
春季	4.88	22.92	1.12	7.14	2.50	4.64
夏季	19.48	4.03	0.78	21.38	17.86	3.52
秋季	3.51	28.89	1.01	5.28	1.06	4.22
冬季	-14.80	10.56	1.56	-11.66	-19.38	7.73

从1961~2014年季节气温变化趋势（见图3-9）可知。四个季节气温均呈显著的上升趋势，分别冬季（0.42℃/10a）>春季（0.378℃/10a）>秋季（0.355℃/10a）>夏季（0.277℃/10a），冷季（春季、冬季）增温高于暖季（秋季、夏季）。

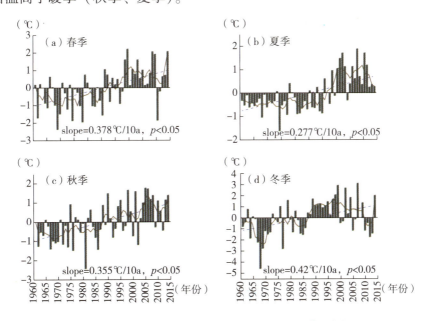

图3-9　研究期区域平均季节气温及其距平年际变化

（二）空间变化

年平均气温由高原北部向南部、由东北部向西南部逐渐递增（见图3-10a），基本与降水空间分布呈相反格局。西北部最低，介于-6℃～-4℃；其次，东北部、西北部的中部地区以及北部大部分地区年均气温较低，在-2℃～0℃；中部大部分、东南部的西部地区以及南部的东部地区年平均气温介于0℃～4℃；东南部的东半部、南部大部分地区以及西南部的北半部地区年均气温介于4℃～8℃；西南部的南部地区年均气温最高，高于8℃。

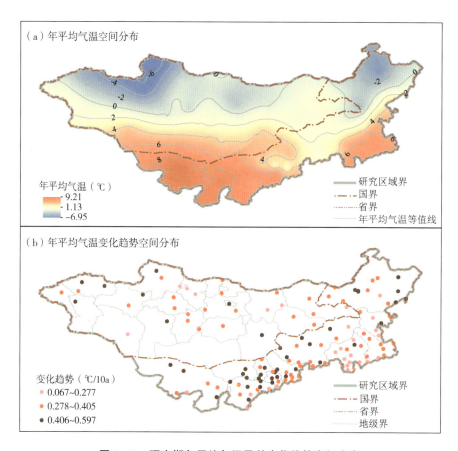

图3-10　研究期年平均气温及其变化趋势空间分布

研究区各个站点的年平均气温都呈上升趋势（见图3-10b），变化趋势在0.067℃~0.597℃/10a，蒙古国Tsogt苏木和内蒙古岗子两个站点增温趋势不显著，其余站点上升趋势均显著（$p<0.05$）。采用ArcGIS软件自然间断点分级法，对变化趋势进行分级统计，变化趋势在0.067℃~0.277℃/10a的站点占全部站点的21.3%，0.278℃~0.405℃/10a的站点占46.3%，0.406℃~0.597℃/10a的站点占32.4%，研究区南部地区呈明显增加趋势的站点相对集中。

季节平均气温空间分布特征与年平均气温空间分布特征基本一致（见图3-11）。

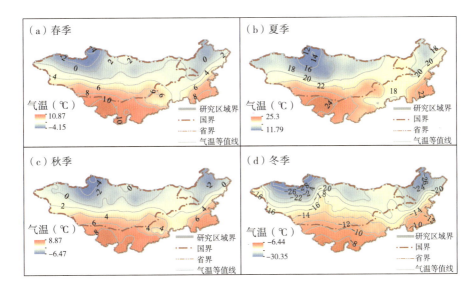

图3-11　研究期多年平均季节气温空间分布

春季气温在-4.15℃~10.87℃，西北部春季气温小于0℃，东北部、北部和西北部的中半部地区气温在0℃~2℃；西北部的南半部、中部、东南部的西半部、南部的东半部等地区气温在2℃~6℃；东南部的南端、南部的西半部和西南部地区气温在6℃~8℃，西南部的南端气温高于8℃。

夏季气温在11.79℃~25.3℃，研究区北部的西端、西北部的东端地区夏季气温在 12℃～16℃；东北部和西北部的中部地区在 16℃～18℃；东北部的东西端、中部的北半部、东南部的西半部、南部的东半部、西北部的南半部地区在 18℃～20℃；东南部的东半部、中部的南半部、南部的西半部、西北部的南端地区在 20℃～22℃，西南部地区在 22℃～26℃。

秋季气温在-6.47℃～8.87℃，研究区东北部的北端、北部的西端、西北部的东端在-6℃～-2℃；东北部和西北部的中部地区以及北部地区在-2℃～0℃；中部大部分、西北部的西南大部、东南部的西部地区以及南部的局部地区在 0℃～4℃；东南部大部分、南部大部分、中部的南半部、西部的北半部地区在 0℃～8℃；东南部的南端高于 8℃。

冬季气温在-30.35℃～-6.44℃，西北部的北部地区、北部的西端以及东北部的北部小部分地区在-30℃～-24℃；西北部的中部、北部、东北部的中部、中部的东北部地区在-24℃～-18℃；西北部的南端、中部大部分、东南部的西半部、南部的东北部、西北部的南端等地区在-18℃～-12℃；西南部、南部的大部分以及东南部的南半部等地区在-12℃～-6℃。

春季气温 136 个站点全部均呈增加趋势，变化趋势在 0.021～0.66℃/10a，其中 129 个站点增加趋势显著（$p<0.05$），占 94.9%（见图 3-12a）。变化趋势在 0.021～0.30℃/10a 的站点有 28 个，占全部站点的 20.6%，变化趋势在 0.301～0.421℃/10a 的站点占 49.3%，变化趋势在 0.422～0.66℃/10a 的站点占 30.1%。

夏季气温除 4 个站点呈减少趋势以外，其余 132 个站点均呈增加趋势，其中 126 个站点增加趋势显著（$p<0.05$）（见图 3-12b）。变化趋势在-0.079～0℃/10a 的站点占全部站点的 2.9%，变化趋势在 0.001～0.347℃/10a 的站点占 69.1%，变化趋势在 0.348～0.562℃/10a 的站点占 27.9%。

秋季气温 136 个站点呈增加趋势，占全部站点的 99%（见图 3-12c）。变化趋势在-0.013～0℃/10a 的站点占全部站点的 0.7%，变化趋势在 0.001～0.40℃/10a 的站点占 60.3%，变化趋势在 0.401～0.651℃/10a 的站点占 39.0%。

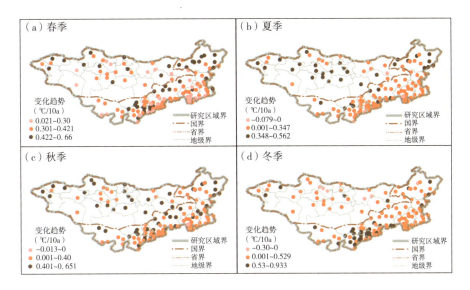

图3-12　研究期季节气温变化趋势空间分布

冬季气温130个站点呈增加趋势，占全部站点的95.6%，其中42个站点增加趋势不显著，88个站点增温趋势显著（$p<0.05$）（见图3-12d）。变化趋势在-0.30~0℃/10a的站点有6个，占全部站点的4.4%，变化趋势在 0.001~0.529℃/10a的站点有96个，占全部站点的70.6%；变化趋势在0.53~0.933℃/10a的站点有34个，占全部站点的25%。

季节气温空间变化特征大致相同，整体呈增长趋势，东南地区增温趋势相对较弱，而冬季南部地区增温较明显。

三、TRMM 卫星降水数据精度评价及其与实测降水数据对比分析

（一）TRMM 年降水量精度评价

利用1998~2014年研究区134个站点的实测数据和对应的TRMM 134个像元数据，将实测年降水量数据作为自变量，对应TRMM 数据作

为因变量，绘制二维散点图，并进行一元线性回归拟合，计算其相关系数和误差（见图3-13）。结果显示，在年尺度上，TRMM年降水量与实测年降水量之间相关系数为0.92，决定系数R^2为0.85，RMSE为61.04mm，两种数据一致性较高，TRMM年降水量略高于实测年降水量。

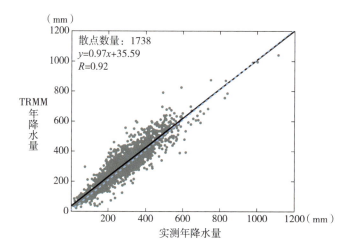

图3-13　1998～2014年TRMM年降水量与实测年降水量

从图3-14看出，TRMM年降水量与实测年降水量之间的相关系数R介于0.35～0.99，其中92.5%的站点的相关系数达到了极显著水平（$p<0.01$）。

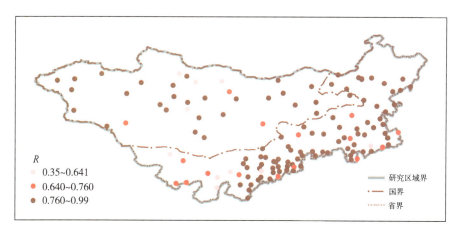

图3-14　两种数据年降水量相关系数空间分布

在全部站点中，有81%的站点（108个）的相关系数介于0.761～0.99，12%的站点（16个）的相关系数介于0.642～0.76，7%的站点（10个）相关系数介于0.35～0.641，相关系数较低的站点主要分布在西南部和西北部地区。

（二）TRMM 季节降水量精度评价

图3-15表示了1998～2014年两种数据季节降水量之间的散点图，可看出，春、夏、秋和冬四季相关系数分别为0.86、0.91、0.88和0.66，均方根误差为17.33mm、44.95mm、17.46mm和6.36mm，夏季相关系数最高，冬季最低。

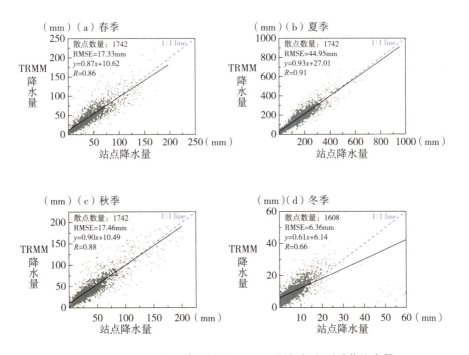

图 3-15　1998～2014 年研究区 TRMM 数据与实测季节降水量

从线性回归拟合曲线与对角线之间的相对位置可判断出，当春季降水量在75mm以下时，实测数据小于TRMM数据；在75mm以上时，实测数据大于 TRMM 数据。夏季降水量在 300mm 以下时，实测数据小于 TRMM 数据；在 300mm 以上时，实测数据大于 TRMM 数据。秋季降水量在 100mm 以下时，实测数据小于 TRMM 数据；在 100mm 以上时，实测数据大于 TRMM 数据。冬季降水量在 15mm 以下时，实测数据小于 TRMM 数据，在 15mm 以上时，实测数据大于 TRMM 数据。

降水偏低时 TRMM 数据相对高于实测数据，随着降水量的提高，实测数据大于 TRMM 数据，而且季节不同临界值也不同。

从图 3-16a 看出，春季 TRMM 降水量与实测降水量之间相关系数 R 介于 0.26 ~ 0.98，其中 95.5% 的站点的相关系数达到极显著水平（$p<0.01$）。85.8% 的站点（115 个）的相关系数介于 0.761~0.99，9.7% 的站点（13 个）相关系数介于 0.642~0.76，4.5% 的站点（6 个）的相关系数介于 0.26~0.641。

从图 3-16b 看出，夏季 TRMM 降水量与实测数据之间的相关系数 R 介于 0.37 ~ 0.99，其中 92.5% 站点的相关系数达到极显著水平（$p<0.01$）。79.1% 的站点（106 个）的相关系数介于 0.761~0.99，13.4% 的站点（18 个）的相关系数介于 0.642~0.76，7.5% 的站点（10 个）的相关系数介于 0.26~0.641。

从图 3-16c 看出，秋季 TRMM 降水量与实测降水量之间的相关系数 R 介于 0.30 ~ 0.98，其中 91.8% 的站点的相关系数达到极显著水平（$p<0.01$）。81.3% 的站点（109 个）的相关系数介于 0.761~0.98，10.4% 的站点（14 个）的相关系数介于 0.642~0.76，8.2% 的站点（11 个）的相关系数介于 0.30~0.641。

从图 3-16d 看出，冬季 TRMM 降水量与实测降水量之间的相关系数 R 介于 -0.16 ~ 0.99，其中 90.3% 站点的相关系数达到极显著水平（$p<0.01$）。72.4% 的站点（97 个）相关系数介于 0.761~0.99，17.9% 的站点（24 个）的相关系数介于 0.642~0.76，9.7% 的站点（13 个）的相关系数介于 -0.16~0.641。

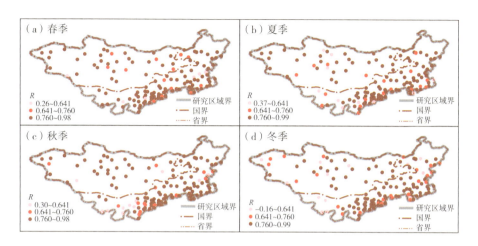

图 3-16 TRMM 数据与实测季节降水量相关系数空间分布

季节降水量两种数据相关系数较低的站点相对集中于西南部、北部和东北部地区；夏季相关性最高，冬季最弱，春秋季相等。

（三）TRMM 降水量与实测降水量时空变化对比分析

图 3-17 为比较分析两种数据的年降水量和季节降水量的时间变化。

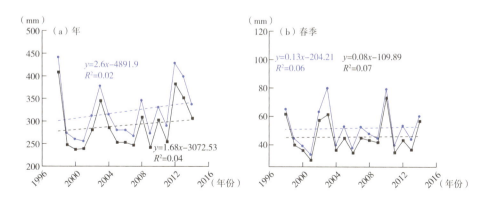

图 3-17 1998~2014 年实测数据和 TRMM 数据的年降水和季节降水量年际变化

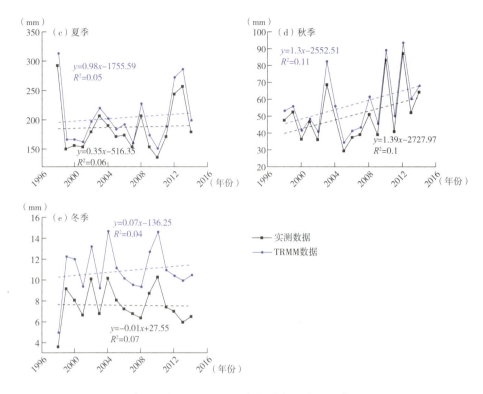

图 3-17　1998~2014 年实测数据和 TRMM 数据的年降水和季节降水量年际变化 （续）

从图 3-17 可以看出，1998~2014 年两种数据年降水量均呈增加趋势，其增加速率分别为 2.6mm/a 和 1.68mm/a，相差 0.92mm/a。春季、夏季、秋季的季节降水量两种数据均呈增加趋势，TRMM 数据增加速率分别为 0.13mm/a、0.98mm/a、1.3mm/a，实测数据增加速率分别为 0.08mm/a、0.35mm/a、1.39mm/a，两种数据分别相差 0.05mm/a、0.63mm/a、0.09mm/a。TRMM 数据冬季降水量呈增加趋势（0.07mm/a），而实测数据呈减少趋势（-0.01mm/a），变化趋势相差极小，为 0.08 mm/a。

总体上，两种数据的年降水量、季节降水量及其变化动态和趋势基本一致，TRMM 降水量略高于实测降水量。

TRMM 数据与实测数据空间分布特征大体一致，但细节上存在差异（见图 3-18 和图 3-19）。重点分析两者差异之后发现，年降水量两种数据 200mm 等降水量线以及东南部 300mm 等降水量线分布一致性较高；北部蒙古国色楞格省附近的 TRMM 数据 300mm 等降水量线比实测数据 300mm 等降水量线向南位移约 500km；东北部 TRMM 数据 500mm 等降水量线比实测数据 500mm 等降水量线向西南方向位移约 300km；西南部 TRMM 数据 100mm 等降水量线比实测数据等降水量线向西南方向位移 200km，TRMM 数据 100mm 等降水量线所占面积小于实测数据 100mm 等降水量线所占面积；西北部阿尔泰山脉附近、杭爱山附近以及东北部呼伦湖附近、达里诺尔湖等较小范围的局部区域出现了比周围较高的降水量"岛屿"区域。

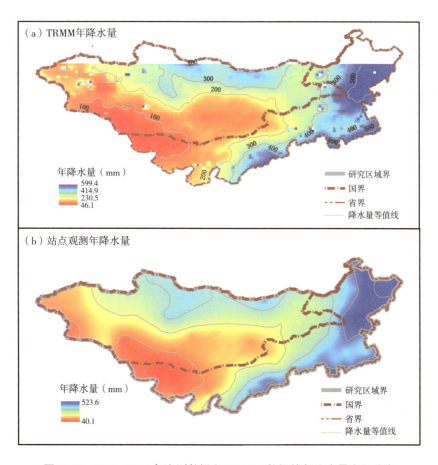

图 3-18 1998~2014 年实测数据和 TRMM 数据的年降水量空间分布

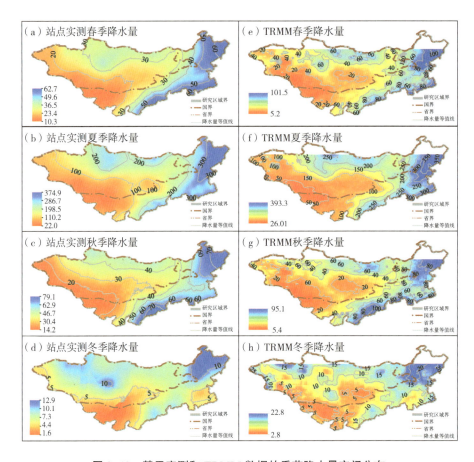

图3-19　基于实测和TRMM数据的季节降水量空间分布

蒙古高原北部地区春季TRMM数据40mm等降水线比实测数据40mm等降水线向南位移约600km；东北部40mm和60mm等降水线均比实测数据向西南方向位移约400km；西南部地区20mm等降水线比实测数据20mm等降水线向西南方向位移约500 km；中部地区TRMM数据捕捉到了闭合的20mm等降水量线区域，而该区域在实测数据反演结果中属于20~30mm的降水量范围。

夏季两种数据200mm和300mm等降水线分布整体上一致性高，但北部TRMM数据200mm等降水量线比实测数据200mm等降水量线向南位移约500km，中部TRMM数据100mm等降水量线区域明显大于实测

100mm 等降水量线区域。

50mm 以上的秋季实测数据等降水线与比其多 10mm 的 TRMM 数据等降水线大致对应，两种数据的 40mm 等降水量线分布一致性高，中部地区 TRMM 数据捕捉到了闭合的 20mm 等降水量线区域，而该区域在实测数据反演结果中属于 20~30mm 的降水量范围，西北部 TRMM 数据 20mm 等降水量线比实测数据 20mm 等降水量线向东北方向位移约 300km。

冬季实测数据结果显示广大区域属于 5~10m 等降水线范围，西南部和东南部小部低于 5mm，东北部大于 10mm，而 TRMM 数据结果相对复杂，破碎度较高，多处出现完整闭合的等降水线；西南部 TRMM 数据 5mm 等降水量线区域范围比实测数据 5mm 等降水量线范围约萎缩 1/2。

总体上，在降水量偏低区域，相同等降水量线的 TRMM 数据所占面积小于实测数据所占面积；在降水量偏多区域，则与此相反，而且季节不同临界值不同，一致性高的等降水量线值不同。实测数据所反演的空间分布整体较简单，等降水量线光滑，而 TRMM 数据空间分布较复杂，破碎度较高，多处出现完整闭合的等降水线，部分区域两种数据的等降水线不重叠。

本 章 小 结

（1）1961~2014 年研究区年降水量呈减少趋势。从整体来看，20 世纪 60 年代至 80 年代末降水波动频繁，20 世纪 90 年代降水偏多，2000 年以后降水偏少。春季和冬季降水量呈增加趋势，夏季和秋季降水量呈减少趋势，季节降水量变化波动时间特征因季节不同而不同，其中夏季变化波动与年降水量变化波动相似。

（2）年降水量和季节降水量空间分布均呈从蒙古高原北部、东北部和东南部向南、西南和西北逐渐递减的环带状特征。其中，冬季空间分布相对特殊，整个研究区降水量普遍较低，地区之间分异特征较小。年降水量变化空间分布特征显示，研究区年降水量整体以减少为主，其中东南部和北部减少，东北部、南部和西北部增加。

各季节降水量变化空间分布差异明显。春季整体增加，东南部和西北部降水增加显著。夏季降水减少面积大于增加面积，北部和东南部降水减少显著，东北部和西南部的局部地区有所增加。秋季降水普遍减少，北部和东南部减少明显，南部和西南部有所增加。冬季整体呈增加趋势，北部和南部降水增加显著。

（3）针叶林区、草原化荒漠区、荒漠区年降水量呈增加趋势，典型草原区、草甸草原区、落叶阔叶林区、荒漠草原区呈减少趋势。各植被区季节降水量变化趋势存在较大的差异。

（4）1961~2014 年研究区年均气温和季节气温均呈增加趋势，从1989 年开始年均气温高于多年平均水平，逐渐增温趋势明显。冷季（春季、冬季）增温高于暖季（秋季、夏季），其中冬季增温最高。年均气温和季节气温由蒙古高原北部向南部、由东北部向西南部逐渐递增，基本与降水空间分布相反。四季的增温速率空间差异不明显，均整体呈增长趋势。冬季在研究区南部局部增温最明显。

（5）无论是在年尺度还是季节尺度，TRMM 数据与实测数据一致性均较高，整体上 TRMM 数据略高于实测数据。各季节的 TRMM 数据高估和低估临界值不同，相关系数较低站点主要分布于西南部和北部地区。夏季相关性最强，冬季相关性最弱。两种数据空间分布特征大体一致，实测数据插值所反演的空间分布较简单，等降水量线光滑，而TRMM 数据空间分布较复杂，破碎度较高，多处出现与实测数据等降水量线分布不吻合的现象，但更能从细节上反演降水量空间变化特征。

第
四
章

蒙古高原植被 NDVI 时空格局

一、植被 NDVI 时间变化特征

（一）生长季累积 NDVI 时间变化

分析发现，近 32 年区域平均生长季累积 NDVI 呈微弱增加趋势，趋势为 0.064/10a（$p>0.05$），其中 1982~1990 年增加，1990~2008 年减少，2008~2013 年明显增加（见图 4-1）。

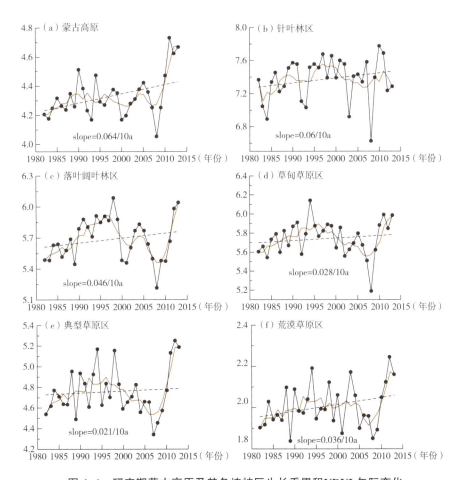

图 4-1　研究期蒙古高原及其各植被区生长季累积NDVI 年际变化

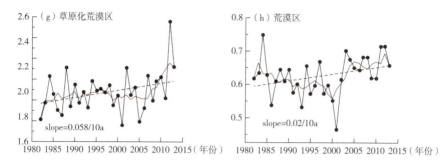

图 4-1　研究期蒙古高原及其各植被区生长季累积 NDVI 年际变化（续）

各植被区平均生长季累积 NDVI 均呈增加趋势，但变化趋势存在差异（见图 4-1）。针叶林区（0.06/10a）>草原化荒漠区（0.058/10a）>落叶阔叶林区（0.046/10a）>荒漠草原区（0.036/10a）>草甸草原区（0.028/10a）>典型草原区（0.021/10a）>荒漠区（0.02/10a）。

各植被区（除荒漠区外）生长季累积 NDVI 年际变化特征与整个研究区基本相同，其中 1982~1995 年增加，1995~2008 年减少，2008~2013 年明显增加，而荒漠区生长季累积 NDVI 在 1982~2000 年减少，2000 年以后增加。

（二）生长季季节 NDVI 时间变化

相关研究表明，1982~2013 年研究区区域平均春季 NDVI 呈增加趋势（0.52×10⁻²/10a），其中草甸草原区（$0.862×10^{-2}/10a$，$p<0.05$）、荒漠草原区（$0.682×10^{-2}/10a$）、针叶林区（$0.575×10^{-2}/10a$）、草原化荒漠区（$0.174×10^{-2}/10a$）、典型草原区（$0.149×10^{-2}/10a$，$p>0.05$）、落叶阔叶林区（$0.080×10^{-2}/10a$）春季 NDVI 均呈增加趋势，只有荒漠区春季 NDVI 呈减少趋势（$-0.133×10^{-2}/10a$）（见图 4-2）。

从 5 年滑动平均曲线可看出，针叶林区、落叶阔叶林区、草甸草原区、典型草原区、荒漠草原区、草原化荒漠区春季 NDVI 在 1982~1998年增加，1998~2006 年减少，2006~2013 年呈增加趋势（其中针叶林区2009 年后减少），而荒漠区春季 NDVI 在 1982~1987 年、1998~2003 年

减少，1987～1998 年、2003～2013 年增加。2006 年后各植被区春季
NDVI 增加明显，尤其草原化荒漠区春季 NDVI 增加显著。

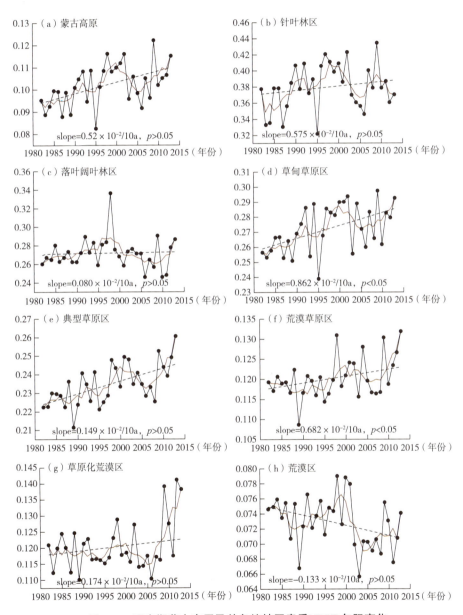

图 4-2　研究期蒙古高原及其各植被区春季NDVI 年际变化

注：虚线表示 Sen's 趋势，红色线表示 5 年滑动平均曲线。

相关研究表明，1982～2013 年研究区区域平均夏季 NDVI 呈微弱增加趋势（$0.058×10^{-2}/10a$），其中针叶林区（$-0.062×10^{-2}/10a$）、草甸草原区（$-0.432×10^{-3}/10a$）和荒漠区（$-0.339×10^{-3}/10a$，$p<0.05$）夏季 NDVI 呈减少趋势，而落叶阔叶林区（$0.566×10^{-3}/10a$）、典型草原区（$-0.507×10^{-3}/10a$）、荒漠草原区（$0.183×10^{-3}/10a$）和草原化荒漠区（$0.554×10^{-3}/10a$）夏季 NDVI 均呈增加趋势（见图 4-3）。

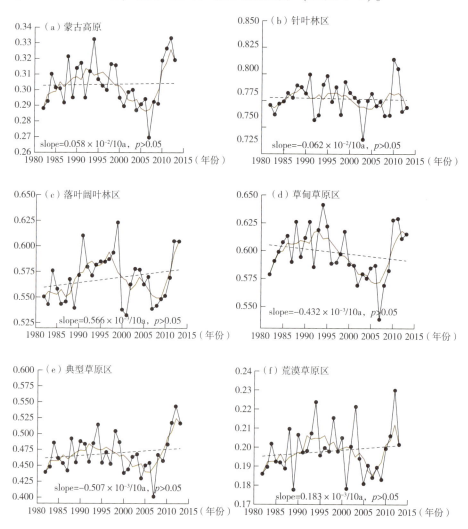

图 4-3　研究期蒙古高原及各植被区夏季植被NDVI 年际变化

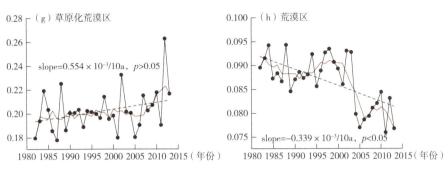

图4-3　研究期蒙古高原及各植被区夏季植被NDVI年际变化（续）

注：虚线表示 Sen's 趋势，红色线表示 5 年滑动平均曲线。

从 5 年滑动平均值曲线可看出，针叶林区、落叶阔叶林区、草甸草原区、典型草原区、荒漠草原区、草原化荒漠区夏季 NDVI 在 1982～1993 年增加，1993～2006 年减少，2006 年后呈增加趋势，荒漠区夏季 NDVI 1982～1992 年、2001～2013 年减少，1992～2001 年增加，尤其 2011 年后针叶林区和荒漠区夏季 NDVI 减少明显。

相关研究表明，1982～2013 年研究区区域平均秋季 NDVI 呈增加趋势（0.353×10^{-2}/10a，$p < 0.05$），其中针叶林区（0.916×10^{-2}/10a，$p < 0.05$）、落叶阔叶林区（0.937×10^{-2}/10a，$p < 0.05$）、草甸草原区（0.545×10^{-2}/10a）、荒漠草原区（0.165×10^{-2}/10a）和草原化荒漠区（0.637×10^{-2}/10a，$p < 0.05$）秋季 NDVI 呈增加趋势，而典型草原区（-0.016×10^{-2}/10a）和荒漠区（-0.113×10^{-2}/10a）秋季 NDVI 呈减少趋势（见图 4-4）。

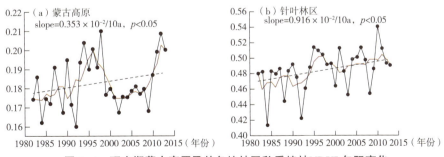

图4-4　研究期蒙古高原及其各植被区秋季植被NDVI年际变化

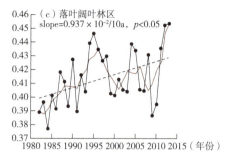

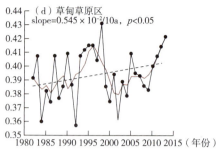

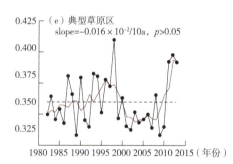

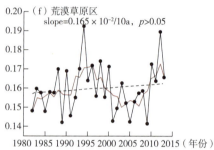

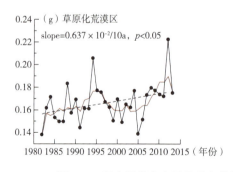

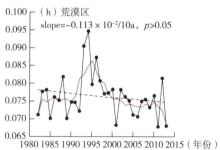

图 4-4　研究期蒙古高原及其各植被区秋季植被NDVI 年际变化（续）

注：虚线表示 Sen's 趋势，红色线表示 5 年滑动平均曲线。

由 5 年滑动平均曲线可看出，各植被区秋季 NDVI 在 1982～1996 年增加，1996～2002 年减少，2002 年后增加。

二、植被 NDVI 空间变化特征

（一）生长季累积 NDVI 空间变化

1982~2013 年研究区生长季 NDVI 从高原北部、东北部、东南部向南、西南、西北方向逐渐递减（见图 4-5），与年降水量空间分布特征基本一致。其中，生长季 NDVI < 1 的区域面积占研究区总面积的 21.31%，主要分布于西南、中部的西南、西北部局部地区；1≤NDVI<3 的区域面积占 18.33%，主要分布于西北部的中部、中部的中心地带、南部的北半部地区；3≤NDVI≤6 的区域面积占 35.93%，主要分布于西北的东半部、北部的南半部、中部的东半部、南部地区以及东南部局部地区；NDVI>6 的区域面积占 24.43%，主要分布于北部的北半部、东北部、东南部的北端等地区（见图 4-6）。

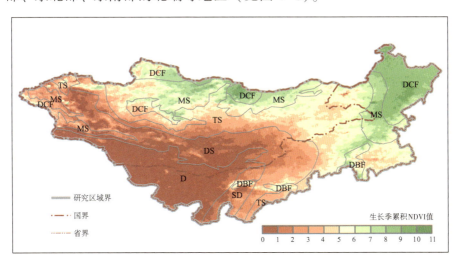

图 4-5 研究期多年平均生长季NDVI 空间分布

注：针叶林区（DCF）、落叶阔叶林区（DBF）、草甸草原区（MS）、典型草原区（TS）、荒漠草原区（DS）、草原化荒漠区（SD）、荒漠区（D），下图同。

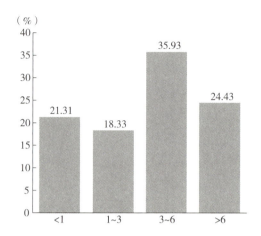

图4-6 各等级生长季累积NDVI所占面积百分比

（二）生长季累积NDVI波动状况空间变化

1982~2013年研究区生长季NDVI变异系数空间变化特征与其生长季NDVI空间变化特征相反，即NDVI值越高变异系数越低，NDVI值越低则变异系数越高，空间分布上生长季NDVI变异系数从高原北部、东北部、东南部向南、西南、西北方向逐渐递增（见图4-7）。

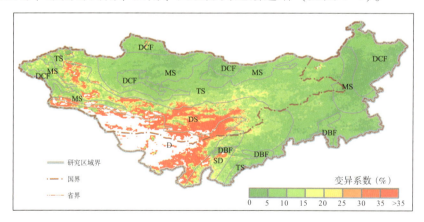

图4-7 研究期生长季累积NDVI变异系数空间分布

注：针叶林区（DCF）、落叶阔叶林区（DBF）、草甸草原区（MS）、典型草原区（TS）、荒漠草原区（DS）、草原化荒漠区（SD）、荒漠区（D）。

生长季 NDVI 区域平均变异系数为 20.16%，变异系数小于 5%的区域（占 14.58%）（见图 4-8a）主要分布于东北部、北部和东南部；变异系数介于 5%~15%的区域（占 62.64%）广泛分布于西北部的东半部、北部的南半部、中东部、南部和东南部的局部地区；变异系数大于 15%的区域（占 22.78%）主要分布于西南部、中西部和西北部的西半部等地区。综上所述，研究区大部分地区生长季 NDVI 变异系数在 5%~15%，属于变化波动较大区域。研究区东南部和南部等地区生长季 NDVI 相对较低，其变异系数也相对较低，这与上述 "NDVI 值越高变异系数越低，NDVI 值越低则变异系数越高" 的规律不吻合。

从各植被区区域平均生长季 NDVI 变异系数（见图 4-8b）来看，荒漠区为 63.65%，变化剧烈；其次为荒漠草原区（27.15%）和草原化荒漠区（20.96%）；针叶林区、落叶阔叶林区、草甸草原区和典型草原区分别为 5.86%、6.56%、7.37%和 9.58%，均小于 10%。

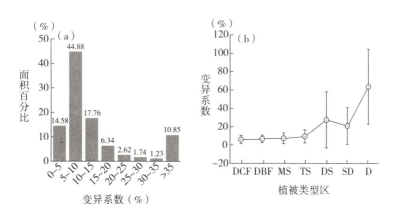

图 4-8 生长季 NDVI 不同等级变异系数所占面积比及各植被区平均变异系数

（三）生长季季节 NDVI 空间变化

1982~2013 年研究区多年平均季节 NDVI 与生长季 NDVI 空间分布特征基本一致（见图 4-9），蒙古高原季节平均 NDVI：夏季（0.30）>秋季（0.18）>春季（0.10）。

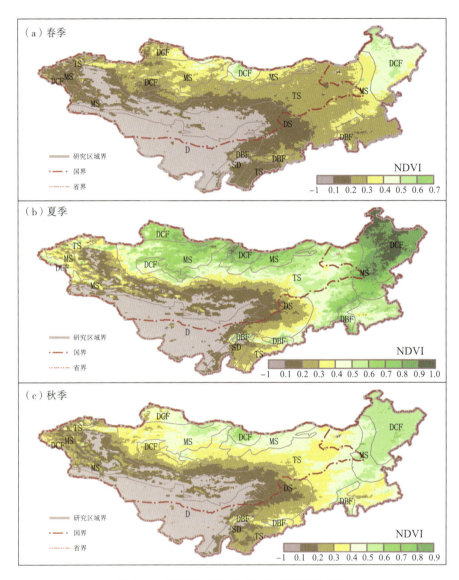

图4-9　研究期多年平均季节NDVI空间分布

　　春季无植被覆盖区（占总面积23.64%）主要分布于西南部、中部的西南部、西北部的南北方向的中心地带；低覆盖区（占56.66%）主要分布于西北部的北部、北部的南半部、中部的东半部、东南部大部和南部等地区；中覆盖区（占19.58%）主要分布于北部的北半部、东北部及东南部的小部分地区；高覆盖区（占0.12%）零星分布于大兴安岭以及肯特山等地。春季NDVI较低，无植被覆盖区和低覆盖区占80.3%（见表4-1、图4-9a）。

表4-1 研究期各季节不同等级NDVI的面积比例　　　　单位：%

季节	无植被覆盖区 （NDVI<0.1）	低覆盖区 （0.1<NDVI<0.3）	中覆盖区 （0.31<NDVI<0.6）	高覆盖区 （NDVI >0.6）
春季	23.64	56.66	19.58	0.12
夏季	14.98	25.37	33.68	25.98
秋季	18.2	32.13	48.84	0.83

夏季无植被覆盖区主要分布于研究区西南部（占14.98%）；低覆盖区（占25.37%）分布于西北部的中心地带、中部的中心地区、南部的西北部等环状区域；中覆盖区（占33.68%）主要分布于西北部的东部、北部的南半部、中部的东端、南部的东半部以及东南部的东半部等地；高覆盖区（占25.98%）主要分布于研究区北部、东北部和东南部的西北部等地。夏季平均NDVI值最高，各等级NDVI值的面积比例相对均衡，中覆盖区和高覆盖区约占60%（见表4-1，图4-9b）。

秋季无植被覆盖区分布于西南部（占18.2%）；低覆盖区（占32.13%）主要分布于西北部的中心地带、中部的中心地区、南部的西北部等环状区域；中覆盖区（占48.84%）分布于北部的大部分、东北部、东南部以及南部的小部分地区；高覆盖区（占0.83%）零星分布于大兴安岭以及肯特山等地。中覆盖区域秋季大于春季和夏季，面积约占全研究区50%（见表4-1，图4-9c）。

整体上，春季以无植被覆盖区和低覆盖区为主，面积占比合计约80%；夏季以中、高覆盖区为主，面积占比合计约60%；秋季以低、中覆盖区为主，面积占比合计约81%。

由研究区及其各植被区平均季节NDVI统计情况（见表4-2）可

看出，研究区及其各植被区在生长季内 NDVI 都是夏季>秋季>春季（见图 4-10）。

表 4-2　研究区及其各植被区平均季节 NDVI 值统计情况

植被区	蒙古高原	针叶林区	落叶阔叶林区	草甸草原区	典型草原区	荒漠草原区	草原化荒漠区	荒漠区
春季	0.1	0.38	0.27	0.27	0.24	0.12	0.12	0.07
夏季	0.3	0.77	0.57	0.6	0.47	0.2	0.2	0.09
秋季	0.18	0.49	0.41	0.39	0.35	0.16	0.17	0.08

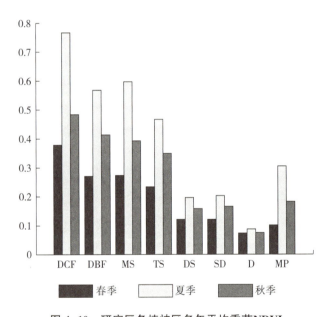

图 4-10　研究区各植被区多年平均季节 NDVI

注：针叶林区（DCF）、落叶阔叶林区（DBF）、草甸草原区（MS）、典型草原区（TS）、荒漠草原区（DS）、草原化荒漠区（SD）、荒漠区（D）。

荒漠区春夏秋三季节的植被 NDVI 相差最小，而平均 NDVI 值最高的针叶林区夏季与其他两个季节（春秋）植被 NDVI 相差最大，落叶阔叶林区、草甸草原区、典型草原区季节 NDVI 相差中等，荒漠草原区和草原化荒漠区季节 NDVI 相差较小。平均 NDVI 值越高，季节相差越大，反之亦然。

三、植被 NDVI 变化趋势空间变化特征

(一) 生长季累积 NDVI 变化趋势空间变化

生长季累积 NDVI 呈减少趋势的区域为 131.26 万平方千米，占研究区总面积的 45.77%，其中呈显著减少趋势的区域为 30.83 万平方千米，占研究区总面积的 10.75%，主要分布于北部的西南端（后杭爱省等）、中部的南端（东戈壁省、南戈壁省等）、东北部的莫力达瓦达斡尔族自治旗和阿荣旗等、东南部的西北地区（扎鲁特旗、阿鲁科尔沁旗、巴林右旗等）（见图 4-11）；呈增加趋势的区域为 155.53 万平方千米，占研究区总面积的 54.23%；其中呈显著增加趋势的面积为 40.33 万平方千米，占研究区总面积的 14.06%，主要分布于西北部西端（巴彦乌列盖省等）、北部的北半部（库苏古尔省、色楞格省等）、东南部的东南地区（奈曼旗、科尔沁左翼后旗、宁城县、敖汉旗等地）、南部（鄂尔多斯市东南大部、呼和浩特市南部）等地区。

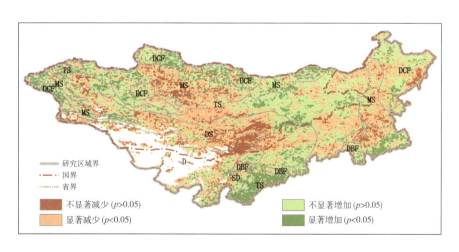

图 4-11　研究期生长季NDVI 变化趋势空间分布

荒漠区和荒漠草原区生长季 NDVI 呈减少趋势面积分别占 70.6%、55.32%，其中显著减少面积分别占 27.72%、14.29%，且以植被退化为主（见图 4-12）。

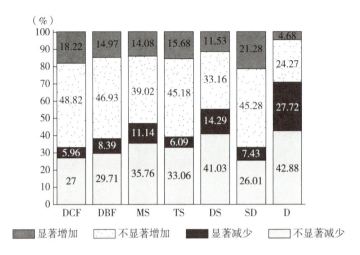

图 4-12 各植被区生长季NDVI 变化趋势面积百分比

草甸草原区生长季 NDVI 呈减少和增加趋势的面积分别占该植被区总面积的 46.9% 和 53.10%，呈减少趋势和增加趋势面积约相等。

针叶林区、落叶阔叶林区、典型草原区和草原化荒漠区生长季 NDVI 呈增加趋势的面积分别占该植被区总面积的 67.04%、61.90%、60.86% 和 66.56%，其中呈显著增加趋势的面积分别占 18.22%、14.97%、15.68% 和 21.28%，且以植被 NDVI 上升为主。

综上所述，分布于研究区东北和南部西南地区的植被区，如针叶林区、落叶阔叶林区、草原化荒漠区，还有农田面积比例最高的植被区，如典型草原区均以植被 NDVI 上升为主。分布于研究区西南和中部地区的植被区，如荒漠区、荒漠草原区的以植被 NDVI 下降为主。

（二）生长季季节 NDVI 变化趋势空间变化

春季植被 NDVI 呈减少趋势的面积为 86.3 万平方千米（占总面积

的 33%），其中呈显著减少趋势的区域为 28.14 万平方千米（占 10.8%），主要分布于东南部大部、中部的西南地区、西南部的西北部地区、西北部的南部地区等；呈增加趋势的区域为 176.19 万平方千米（占 67.0%），其中呈显著增加趋势的面积为 81.65 万平方千米（占 31.1%），主要分布于西北部的东北地区、北部的东南地区、东北部的西半部、中部的东部地区、南部的最南端、西北部的东南端等地区（见图 4-13、图 4-14a）。

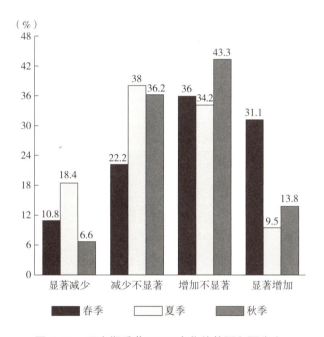

图 4-13　研究期季节NDVI 变化趋势面积百分比

夏季植被 NDVI 呈减少趋势的面积为 147.96 万平方千米（占总面积的 56.4%），其中呈显著减少趋势的区域为 48.29 万平方千米（占 18.4%），主要分布于西南部、中部的西南地区、北部的西南地区、东北部以及东南部的北部地区等；呈增加趋势的面积为 114.52 万平方千米（43.7%），其中呈显著增加趋势的面积为 24.86 万平方千米（占 9.5%），主要分布于西北部的西端（巴彦乌列盖省）、南部的大部分

（巴彦淖尔市南部、鄂尔多斯市东南部等）、东南部的东南地区（内蒙古通辽市南端、赤峰市南部等）地区（见图4-13、图4-14b）。

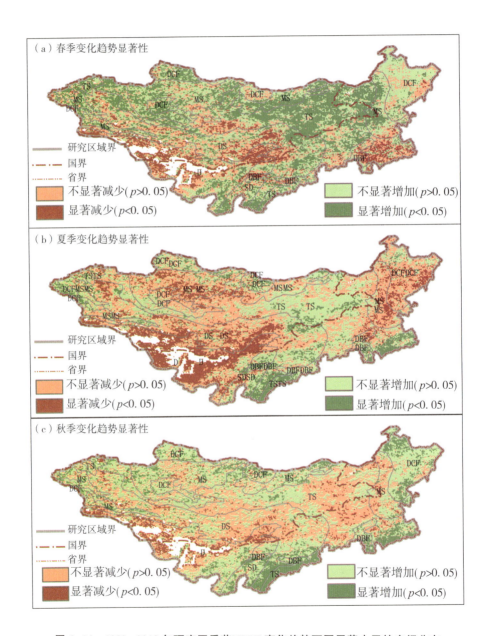

图4-14　1982~2013年研究区季节NDVI变化趋势不同显著水平的空间分布

秋季植被 NDVI 呈减少趋势的面积为 112.38 万平方千米（占总面积的 42.8%），其中呈显著减少趋势的面积为 17.49 万平方千米（占 6.6%），主要分布于西南部（科布多省南部、戈壁阿尔泰省东南部、巴彦洪戈尔省南部）、中部南端等地区（东戈壁省、南戈壁省，锡林郭勒盟、阿拉善盟等地区）；呈增加趋势的面积为 150.09 万平方千米（占 57.1%），其中呈显著增加趋势的面积为 36.39 万平方千米（占 13.8%），主要分布于南部（鄂尔多斯市、呼和浩特市、乌兰察布市南部等）、东北部的北端（呼伦贝尔市北部、兴安盟东部等）、东南部的南端（赤峰市南部、通辽市南部等）地区（见图 4-13、图 4-14c）。

季节植被 NDVI 呈显著减少趋势区域比例：夏季>春季>秋季；季节植被 NDVI 呈显著增加趋势的面积比例：春季>秋季>夏季。

夏季植被 NDVI 下降显著；春季和秋季植被 NDVI 有所上升。

季节植被 NDVI 变化趋势的空间变化结果：

东南部：春季植被 NDVI 显著减少，夏季和秋季植被 NDVI 显著增加。

东北部：夏季植被 NDVI 显著减少，春季和秋季植被 NDVI 增加。

南部：三个季节植被 NDVI 均显著增加。

中部（以南戈壁、东戈壁、中戈壁为主）：三个季节植被 NDVI 均减少，其中春季和夏季植被 NDVI 显著减少。

北部（以后杭爱省为中心）：春季植被 NDVI 显著增加，夏季植被 NDVI 显著减少，秋季植被 NDVI 不显著增加。

西北部：三季节植被 NDVI 均增加。

春季以植被 NDVI 下降为主的植被区（2 种）：落叶阔叶林区和荒漠区春季植被 NDVI 呈减少趋势的面积分别占该植被区总面积的 54.10% 和 64.53%，其中显著减少分别占 23.92% 和 32.9%。以植被 NDVI 上升为主的植被区（5 种）：针叶林区、草甸草原区、典型草原区、荒漠草原区和草原化荒漠区春季 NDVI 呈增加趋势的面积分别占该植被区总面积的 73.64%、80.86%、76.56%、58.84% 和 67.45%，其中显著增加分别占 20.19%、38.75%、46.11%、24.44% 和 31.11%（见图 4-15a）。

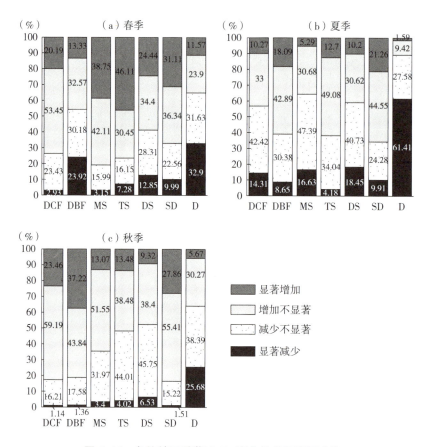

图 4-15　各植被区季节 NDVI 变化趋势面积百分比

注：DCF 针叶林区；DBF 落叶阔叶林区；MS 草甸草原区；TS 典型草原区；DS 荒漠草原区；SD 草原化荒漠区；D 荒漠区。

夏季以植被 NDVI 下降为主的植被区（4 种）：针叶林区、草甸草原区、荒漠草原区和荒漠区减少趋势的面积分别占该植被区总面积的 56.73%、64.02%、59.18% 和 88.99%，其中显著减少分别占 14.31%、16.63%，18.45% 和 61.41%。以植被 NDVI 上升为主的植被区（3 种）：

落叶阔叶林区、典型草原区和草原化荒漠区夏季 NDVI 呈增加趋势的面积分别占 60.98%、61.78%和 65.81%，其中呈显著增加趋势的面积分别占 18.09%、12.70%和 21.26%（见图 4-15b）。

秋季以植被 NDVI 下降为主的植被区（1 种）：荒漠区秋季植被 NDVI 呈减少趋势的面积占该植被区总面积的 64.07%，其中呈显著减少趋势的面积占 25.68%。

植被 NDVI 下降和上升面积大约相同的植被区（2 种）：典型草原区和荒漠草原区秋季植被 NDVI 呈减少趋势的面积分别占该植被区总面积的 48.03%和 52.28%，其中呈显著减少趋势的面积分别占 4.02%和 6.53%；秋季植被 NDVI 呈增加趋势的面积分别占 51.96%和 47.72%，其中呈显著增加趋势的面积分别占 13.48%和 9.32%。

以植被 NDVI 上升为主的植被区（4 种）：针叶林区、落叶阔叶林区、草甸草原区和草原化荒漠区秋季植被 NDVI 呈增加趋势的面积分别占该植被区总面积的 82.65%，81.06%，64.62%和 83.27%，其中呈显著增加趋势的面积分别占 23.46%、37.22%、13.07%和 27.86%（见图 4-15c）。

综合分析发现，草甸草原区、典型草原区、荒漠草原区、草原化荒漠区和荒漠春季以植被 NDVI 上升为主，而落叶阔叶林区和荒漠区以植被 NDVI 下降为主；夏季除了落叶阔叶林区、典型草原区和草原化荒漠区以植被 NDVI 上升为主外，其他植被区以植被 NDVI 下降为主；秋季除了荒漠区以植被 NDVI 下降以外，多数植被区以植被 NDVI 上升为主。其中针叶林区和落叶阔叶林区秋季植被 NDVI 显著增加；荒漠区植被 NDVI 在各季节下降明显而且植被 NDVI 呈显著减少趋势的面积：夏季>春季>秋季。

本 章 小 结

（1）近年来，蒙古高原与各植被区生长季 NDVI 均呈增加趋势。除荒漠区外，各植被区生长季NDVI年际变化特征与整个研究区变化特征基本相同，1982~1990年增加，1990~2008年减少，2008~2013年明显增加。荒漠区生长季NDVI以2000年为界，之前减少，之后增加明显。

（2）研究区及各植被区（除荒漠区外）春季区域平均NDVI呈增加趋势，其中草甸草原区和荒漠草原区春季NDVI显著增加。夏季除了针叶林区、草甸草原区NDVI呈减少趋势外，研究区及其他植被区NDVI都呈增加趋势。秋季典型草原区和荒漠区呈NDVI减少趋势，其余植被区和研究区NDVI呈增加趋势，其中针叶林和落叶阔叶林区NDVI显著增加。蒙古高原和各植被区NDVI的季节变化规律为平均NDVI夏季>秋季>春季，但从蒙古高原全区来看，植被状况最好的夏季NDVI只有0.30，春季NDVI为0.1。植被状况越好的地区，植被NDVI季节波动越大。春季以无植被覆盖区和低覆盖区为主，面积占比合计约80%；夏季以中、高覆盖区为主，面积占比合计约60%；秋季以低、中覆盖区为主，面积占比合计约81%。

（3）从区域差异来看，生长季和季节NDVI从高原北部、东北部和东南部向南、西南和西北方向逐渐递减。生长季NDVI变异系数空间分布特征与植被NDVI空间分布特征相反（东南部和南部局部除外）。其中，荒漠区植被NDVI变异系数最高，其次为荒漠草原区和草原化荒漠区，其他植被区的植被NDVI变异系数均小于10%。

（4）近年来，研究区生长季NDVI显著增加的面积（占比54.23%）大于生长季NDVI显著减少的面积（占比45.77%），西北、北部、东南、南部等地区的外侧区域植被NDVI增加，北部的西南、中部的西半部和东北、东南等地内侧区域植被NDVI减少明显。从季节变化分析看，夏季植被NDVI下降显著，春季和秋季有所上升。其中夏季植被NDVI除南部和东南部上升之外，其余大部分地区NDVI下降明显；春季大部分区域植被NDVI上升，其中北部和西北部植被NDVI上升显著，西南和东南局部植被NDVI下降；秋季植被NDVI南部、东南部和研究区周边山地森林区呈上升趋势，其余部分植被NDVI呈下降趋势。

（5）各植被区生长季及季节NDVI值呈增减趋势的面积占比均存在差异。在生长季，针叶林区、落叶阔叶林区、草原化荒漠区和典型草原区植被NDVI上升的面积大于植被NDVI下降的面积，荒漠区、荒漠草原区植被NDVI上升的面积小于植被NDVI下降的面积。春季，落叶阔叶林区和荒漠区植被NDVI下降的面积大于上升的面积，其他植被区与之相反；夏季，落叶阔叶林区、典型草原区和草原化荒漠区植被NDVI上升的面积大于下降的面积，其他植被区以植被NDVI下降为主导；秋季，除了荒漠区植被NDVI下降的面积大于上升的面积，其余植被区植被NDVI上升的面积相当于或高于下降的面积。

第
五
章

蒙古高原植被生长对
气候变化的响应

全球气候变化显著影响陆地生态系统植被的生长，受气候变化的时空差异性与地表系统的异质性影响，植被对气候变化的响应存在较大差异，表现为空间响应的多样性与时间响应的滞后性等。本书利用1982~2013 年蒙古高原 AVHRR NDVI 数据和气候实测数据，开展了研究区及各植被区植被覆盖度对降水和气温要素的响应研究。

一、生长季内月 NDVI 对月气候要素的响应

图 5-1 为 1982~2013 年蒙古高原各植被区多年平均月 NDVI、月降水量及月平均气温的年内变化。

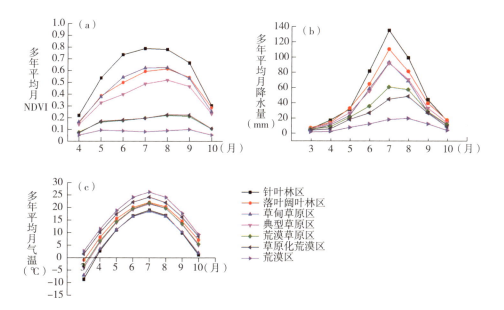

图 5-1　研究期各植被区多年平均月NDVI、月降水量及月平均气温的年内变化

从图 5-1a 中可看出，针叶林区多年平均月 NDVI：7 月>8 月>6 月>9 月>5 月>10 月>4 月。落叶阔叶林区和典型草原区多年平均月 NDVI：8 月>7 月>9 月>6 月>5 月>10 月>4 月。草甸草原区多年平均月 NDVI：8 月>7 月>6 月>9 月>5 月>10 月>4 月。荒漠草原区和草原化荒漠区多

年平均月 NDVI：8 月>9 月>7 月>6 月>5 月>10 月>4 月。荒漠区多年平均月 NDVI：9 月>5 月>6 月>8 月>7 月>4 月>10 月。针叶林区的最大月 NDVI 出现在 7 月，荒漠区 9 月出现最大月 NDVI，其余植被类型区最大月 NDVI 均出现在 8 月；荒漠区 10 月是最小月 NDVI，其余植被类型区最小月 NDVI 是 4 月。

针叶林区多年平均月降水量：7 月>8 月>6 月>9 月>5 月>4 月>10 月>3 月。落叶阔叶林区、草甸草原区、典型草原区和荒漠草原区多年平均月降水量：7 月>8 月>6 月>9 月>5 月>10 月>4 月>3 月。草原化荒漠区多年平均月降水量：8 月>7 月>6 月>9 月>5 月>10 月>4 月>3 月。荒漠化区多年平均月降水量：8 月>7 月>9 月>6 月>5 月>10 月>4 月>3 月。除草原化荒漠区和荒漠区最大月降水量月是 8 月以外，其他植被区最大月降水量月为 7 月（见图 5-1b）。

针叶林区、落叶阔叶林区、草甸草原区、典型草原区、荒漠草原区的多年月平均气温：7 月>8 月>6 月>5 月>9 月>4 月>10 月>3 月。草原化荒漠区和荒漠区的多年月平均气温：7 月>6 月>8 月>5 月>9 月>4 月>10 月>3 月。各植被区多年月平均气温的年内变化比较一致，7 月是月平均气温最高月（见图 5-1c）。

表 5-1 为研究期各植被区多年平均月 NDVI、月降水量、月平均气温之间的年内变化相关系数。

表 5-1　研究期各植被区多年平均月NDVI、月降水量、月平均气温之间的
年内变化相关系数

要素	植被区						
	针叶林区	落叶阔叶林区	草甸草原区	典型草原区	荒漠草原区	草原化荒漠区	荒漠区
月NDVI & 月降水量	0.86**	0.84**	0.86**	0.82**	0.81**	0.84**	0.68*
月NDVI & 月平均气温	0.95**	0.88**	0.92**	0.87**	0.84**	0.79**	0.72*
月降水量和月平均气温	0.87**	0.88**	0.87**	0.88**	0.88**	0.88**	0.90**

注：* 和 ** 分别表示 0.05 和 0.01 的显著水平。

计算多年平均逐月植被 NDVI 与月气温和降水量之间的相关系数发现，各植被区逐月 NDVI 与降水量、气温之间呈显著正相关（$p < 0.05$），同时降水量与气温之间呈显著正相关，说明研究区各植被区降水量、气温、植被 NDVI 的年内变化同步，即雨热植被 NDVI 同期。

针叶林区、落叶阔叶林区、草甸草原区、典型草原区、荒漠草原区和草原化荒漠区的逐月植被 NDVI 与降水量之间的相关系数为 0.8~0.9，荒漠区最小，为 0.68；针叶林区和草甸草原区的逐月植被 NDVI 与气温的相关性高，相关系数大于 0.9，荒漠区和草原化荒漠区的相关系数低于 0.8，落叶阔叶林区、典型草原区、荒漠草原区为 0.8~0.9；各植被区逐月降水量与气温之间的相关系数基本一致，在 0.8~0.9。

二、生长季 NDVI 对生长季气候要素的响应

从表 5-2 和图 5-2 看出，典型草原区、草原化荒漠区、荒漠草原区、落叶阔叶林区、草甸草原区的生长季 NDVI 与生长季降水量显著正相关（$p < 0.05$），与生长季平均气温呈负相关（$p > 0.05$），其降水量之间的相关系数依次降低，分别为 0.64、0.57、0.55、0.51、0.40。针叶林区生长季 NDVI 与生长季气温呈正相关，与降水量呈负相关（$p > 0.05$）；荒漠区生长季 NDVI 与生长季降水量和平均气温均呈正相关（$p > 0.05$）。

表 5-2　各植被区生长季NDVI与生长季气候要素之间的相关系数

气候要素	植被区						
	针叶林区	落叶阔叶林区	草甸草原区	典型草原区	荒漠草原区	草原化荒漠区	荒漠区
降水	-0.29	0.51**	0.40*	0.64**	0.55**	0.57**	0.25
气温	0.25	-0.13	-0.09	-0.09	-0.15	-0.02	0.10

注：* 和 ** 分别表示 0.05 和 0.01 的显著水平。

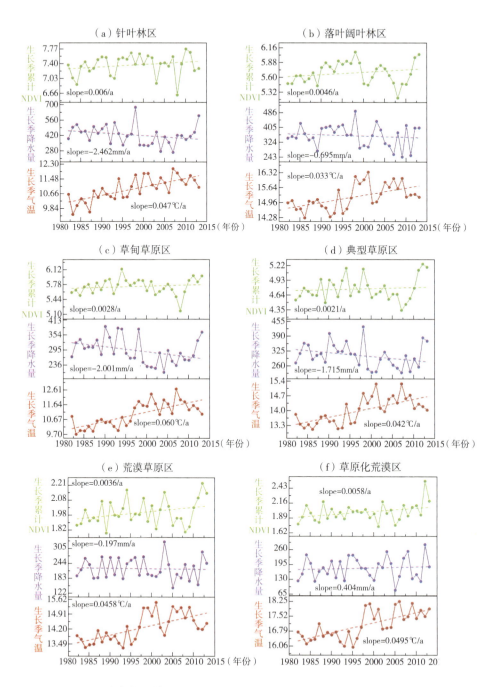

图 5-2　研究期各植被区生长季累积NDVI、累积降水量和平均气温的年际变化

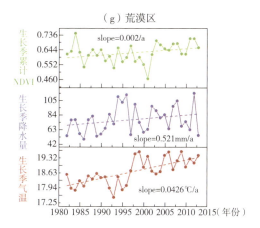

图 5-2　研究期各植被区生长季累积NDVI、累积降水量和平均气温的年际变化（续）

三、季节NDVI对季节气候要素的年际响应

由表5-3可知，落叶阔叶林区、草甸草原区、典型草原区、荒漠草原区的春季NDVI与春季降水量和气温呈正相关，其中荒漠草原区、草原化荒漠区与春季降水量呈显著正相关（$p<0.05$），分别为0.29、0.28。草甸草原区、典型草原区、荒漠草原区的春季NDVI与春季气温呈显著正相关（$p<0.05$），分别为0.43、0.31、0.25。针叶林区春季NDVI与春季降水量呈负相关（$p>0.05$），与春季气温呈显著正相关（0.64，$p<0.05$）。荒漠区春季NDVI与两者均呈负相关（$p>0.05$）。

夏季，落叶阔叶林区、草甸草原区、典型草原区、荒漠草原区、草原化荒漠区、荒漠区夏季NDVI与夏季降水量呈正相关，与夏季气温呈负相关（草原化荒漠区除外），其中落叶阔叶林区、草甸草原区、典型草原区、荒漠草原区与降水量呈显著正相关（$p<0.05$），相关系数分别为0.38、0.38、0.37、0.41。针叶林区夏季NDVI与夏季降水量呈负相关（$p>0.05$），与夏季气温呈正相关。

表5-3　各植被区季节NDVI与季节气候要素之间的相关系数

气候要素	植被区						
	针叶林区	落叶阔叶林区	草甸草原区	典型草原区	荒漠草原区	草原化荒漠区	荒漠区
春季降水	−0.04	0.20	0.05	0.16	0.29*	0.28*	−0.08
春季气温	0.64**	0.20	0.43**	0.31*	0.25*	−0.04	−0.04
夏季降水	−0.15	0.38**	0.38**	0.37**	0.41**	0.23	0.12
夏季气温	0.21	−0.08	−0.19	−0.08	−0.15	0.06	−0.20
秋季降水	−0.32*	0.08	0.00	−0.04	0.14	0.11	−0.12
秋季气温	0.20	0.10	0.25*	0.05	−0.04	−0.05	−0.25*

注：* 和 ** 分别表示0.05和0.01的显著水平。

秋季，落叶阔叶林区、草甸草原区、荒漠草原区、草原化荒漠区秋季 NDVI 与秋季降水量呈正相关，针叶林区、典型草原区、荒漠区与秋季降水量呈负相关，其中针叶林区与秋季降水量呈显著负相关（$r=-0.32$，$p<0.05$）。针叶林区、落叶阔叶林区、草甸草原区、典型草原区秋季 NDVI 与秋季气温呈正相关，其中草甸草原区与秋季气温呈显著正相关（$r=0.25$，$p<0.05$）；荒漠草原区、草原化荒漠区、荒漠区秋季 NDVI 与秋季气温呈负相关，其中荒漠区秋季 NDVI 与秋季气温呈显著负相关（$r=-0.25$，$p<0.05$）。

四、月NDVI对月气候要素的年际变化响应

降水和气温变化具有时间分配不均的特点，仅从年际变化和季节变化角度分析很大程度上掩盖了气候要素变化对植被不同生长阶段的影响。因此，本书从月变化角度分析植被变化对气候变化的响应，更好地探讨气候要素变化对植被生长不同阶段的影响机制。

（一）月NDVI对同月气候要素的响应

由表5-4可知，落叶阔叶林区、草甸草原区、典型草原区、荒漠

草原区、草原化荒漠区 5 种植被区 5~8 月 NDVI 与同月降水量呈正相关，其中荒漠草原区、草原化荒漠区 5 月 NDVI 与同月降水量呈显著正相关 $p<0.05$，相关系数分别为 0.28、0.31，落叶阔叶林区、典型草原区、荒漠草原区 7 月 NDVI 与同月降水量呈显著正相关（$p<0.01$），相关系数分别为 0.35、0.40、0.41。这 5 种植被区 6~8 月 NDVI 与同月气温呈负相关，而 5 月 NDVI 与 5 月气温呈正相关，其中草甸草原区、典型草原区月 NDVI 与同月气温呈显著正相关（$p<0.01$），相关系数分别 0.50、0.35。上述 5 种植被区 9 月 NDVI 与同月降水量和气温相关性较弱，草甸草原区 4 月、10 月 NDVI 与其同月气温呈显著正相关（$p<0.01$），相关系数分别为 0.39、0.35。

表 5-4　各植被区生长季（4~10 月）月NDVI与当月降水和气温之间的相关系数

植被区	气候要素	4 月	5 月	6 月	7 月	8 月	9 月	10 月
针叶	降水	-0.24	-0.11	-0.20	-0.01	-0.27*	-0.30*	-0.32*
林区	气温	0.52**	0.55**	0.16	0.10	0.11	0.02	0.26*
落叶	降水	-0.02	0.14	0.11	0.35**	-0.06	-0.04	0.06
阔叶林区	气温	-0.1	0.19	-0.31*	-0.08	0.07	-0.09	0.19
草甸	降水	0.01	-0.13	0.19	0.23	0.02	0.06	-0.03
草原区	气温	0.39**	0.50**	-0.08	-0.18	-0.05	-0.09	0.35**
典型	降水	0.17	0.08	0.17	0.40**	0.13	-0.07	0.08
草原区	气温	0.13	0.35**	-0.09	-0.05	-0.17	-0.12	0.11
荒漠	降水	0.06	0.28*	0.08	0.41**	0.11	0.02	0.17
草原区	气温	-0.01	0.03	-0.13	-0.18	-0.14	0.03	-0.17
草原化	降水	-0.15	0.31*	0.17	0.19	0.18	0.02	-0.02
荒漠区	气温	-0.2	0.02	-0.03	-0.13	-0.07	-0.06	-0.03
荒漠区	降水	-0.21	-0.07	0.04	-0.22	0.02	-0.16	-0.006
	气温	-0.18	-0.1	-0.17	-0.03	-0.18	-0.02	-0.35**

注：* 和 ** 分别表示 0.05 和 0.01 的显著水平。

针叶林区月 NDVI 与同月降水量呈负相关，其中 8~10 月呈显著相关，相关系数分别为-0.27、-0.30 和-0.32（$p < 0.05$），与同月气温呈正相关，其中 4 月、5 月、10 月尤其显著，相关系数分别为 0.52、0.55 和 0.26（$p < 0.01$）。

荒漠区与其他植被区相比较特殊，其月 NDVI 与同月降水量和气温未表现出密切相关性，整体上与降水量和气温无显著负相关（只有 6 月与降水量呈正相关），值得注意的是 10 月 NDVI 与 10 月气温呈显著负相关（$r = -0.35$，$p < 0.01$）。

综上所述，6~8 月各植被区植被月 NDVI 与当月降水呈正相关，与当月气温的负相关特征明显，其中 7 月 NDVI 与 7 月降水量相关性最突出（落叶阔叶林区、典型草原区、荒漠草原区呈显著正相关）。4~5 月与气温和降水呈正相关，其中针叶林区、草甸草原区的 4~5 月 NDVI 与 4~5 月气温显著相关，荒漠草原区、草原化荒漠的 5 月 NDVI 与 5 月降水量显著相关。

（二）月 NDVI 对月气候要素的滞后响应

表 5-5 显示，落叶阔叶林区、草甸草原区、典型草原区、荒漠草原区、草原化荒漠区、荒漠区的 7~8 月 NDVI 与前 1 个月降水量之间的相关性最强，均显著（$p < 0.05$）。5 月、6 月、9 月 NDVI 与前 1 个月降水量之间的相关性相对较强，其中 5 月典型草原区显著（$r = 0.27$，$p < 0.05$），6 月落叶阔叶林区（$r = 0.262$）、荒漠草原区（$r = 0.552$）、草原化荒漠区（$r = 0.613$）显著（$p < 0.05$），9 月落叶阔叶林区（$r = 0.246$）、典型草原区（$r = 0.34$）显著（$p < 0.05$）。4 月和 10 月 NDVI 与前 1 个月降水量之间的相关性较弱。

上述 6 种植被区 6~9 月 NDVI 与前 1 个月气温呈负相关，其中荒漠区 7 月 NDVI 与前 1 个月气温呈显著负相关（$r = -0.275$，$p < 0.05$）。5 月 NDVI 与前 1 个月气温呈正相关，其中落叶阔叶林区（$r = 0.35$）、荒漠草原区（$r = 0.39$）显著（$p < 0.01$），4 月、10 月 NDVI 与前 1 个月气温不存在显著相关，但大体上呈正相关。

针叶林区月 NDVI 与前 1 个月降水量和气温相关性不显著，其中与气温呈正相关（除 6 月以外），与降水量呈负相关的月份较多。

综上所述，各植被区（针叶林区除外）月 NDVI 与前 1 个月降水量之间呈正相关，其中 7~8 月最显著。6~9 月 NDVI 与前 1 个月气温呈负相关，而 4 月、5 月、10 月与前 1 个月气温呈正相关，其中 5 月最显著。

表 5-5　各植被区生长季（4~10 月）月 NDVI 与前 1 个月降水和气温之间的相关系数

植被区	气候要素	4 月	5 月	6 月	7 月	8 月	9 月	10 月
针叶	降水	-0.04	0.019	0.107	-0.073	0.115	-0.173	-0.226
林区	气温	0.16	0.202	-0.113	0.200	0.054	0.206	0.222
落叶	降水	0.09	0.165	0.262*	0.399**	0.391**	0.246*	0.226
阔叶林区	气温	-0.17	0.35**	-0.093	-0.200	0.024	-0.026	0.036
草甸	降水	0.08	0.23	-0.008	0.407**	0.532**	0.214	-0.093
草原区	气温	0.02	0.19	-0.115	-0.085	-0.113	-0.026	0.232
典型	降水	0.02	0.27*	0.129	0.35**	0.44**	0.34**	0.077
草原区	气温	-0.15	0.15	0.127	-0.127	-0.093	-0.137	0.069
荒漠	降水	-0.06	0.12	0.552**	0.327**	0.589**	0.210	0.024
草原区	气温	0.00	0.39**	-0.060	-0.107	-0.101	-0.226	-0.026
草原化	降水	0.002	0.21	0.613**	0.411**	0.452**	0.222	0.069
荒漠区	气温	0.01	0.16	-0.091	-0.012	-0.002	-0.101	-0.061
荒漠区	降水	-0.04	0.09	0.230	0.133	0.262*	0.097	-0.111
	气温	-0.04	-0.05	-0.135	-0.275*	-0.111	-0.182	0.018

注：* 和 ** 分别表示 0.05 和 0.01 的显著水平。

由表 5-6 可看出，各植被区（针叶林区除外）6~9 月 NDVI 与前 2 个月降水量呈正相关，其中 8~9 月最显著，其中草甸草原区、典型草原区、荒漠草原区、草原化荒漠区、荒漠区 9 月 NDVI 与前 2 个月降水量呈显著正相关（$p < 0.01$），落叶阔叶林区、草甸草原区、草原化荒漠、荒漠区 8 月 NDVI 与前 2 个月降水量呈显著正相关（$p < 0.05$）；6 月、7 月、10 月 NDVI 与前 2 个月降水量的相关性较弱，其中 7 月草

原化荒漠区 NDVI 与前 2 个月 NDVI 呈显著正相关（$p < 0.01$），10 月典型草原区 NDVI 与前 2 个月降水量呈显著正相关（$p < 0.01$）。5 月 NDVI 与前 2 个月降水量不显著，其中有 3 种植被区与前 2 个月降水量呈负相关，另外 4 种植被区与前 2 个月降水量呈正相关。针叶林区 5~7 月 NDVI 与前 2 个月降水量呈正相关，8~10 月 NDVI 与前 2 个月降水量呈负相关，其中 10 月显著与前 2 个月降水量呈负相关（$p < 0.05$）。

表 5-6　各植被区生长季（5~10 月）NDVI 与前 2 个月降水量之间的相关系数

植被区	5 月	6 月	7 月	8 月	9 月	10 月
针叶林区	0.008	0.052	0.095	-0.050	-0.21603	-0.325 *
落叶阔叶林区	0.133	0.230	0.004	0.274 *	0.242	0.137
草甸草原区	-0.127	0.121	0.048	0.274 *	0.383 **	-0.032
典型草原区	0.056	0.097	0.048	0.206	0.46 **	0.32 **
荒漠草原区	-0.081	0.234	0.165	0.173	0.440 **	0.089
草原化荒漠区	0.188	0.238	0.456 **	0.286 *	0.452 **	0.190
荒漠区	-0.083	0.060	0.105	0.298 *	0.323 **	0.101

注：* 和 ** 分别表示 0.05 和 0.01 的显著水平。

综上所述，各植被区（针叶林区除外）6~9 月 NDVI 与前 2 个月降水量呈正相关，其中 8~9 月最显著。

本章小结

（1）研究区及各植被区雨热植同期，但各植被区最大 NDVI 出现的时间存在差异。

（2）多数植被区（针叶林区和荒漠区除外）生长季 NDVI 与生长季降水量呈显著正相关（$p<0.05$），与生长季平均气温呈显著相关（$p<0.05$）。针叶林区生长季 NDVI 与生长季气温呈正相关，与降水量呈负相关（$p>0.05$）。荒漠区生长季 NDVI 与生长季降水量和气温均呈正相关（$p>0.05$）。

（3）各植被区（不包括针叶林区和荒漠区）季节 NDVI 与季节降水量呈正相关，但各季节 NDVI 与季节平均气温关系较为复杂。春季 NDVI 与春季平均气温呈正相关，夏季 NDVI 与夏季平均气温呈负相关，秋季 NDVI 与秋季平均气温正相关和负相关共存。针叶林区季节 NDVI 与季节降水呈负相关，而与季节平均气温呈正相关，其中春季 NDVI 与春季平均气温呈显著正相关，秋季 NDVI 与秋季降水量呈显著负相关。荒漠区除夏季 NDVI 与降水量呈正相关以外，其他季节与降水量和平均气温均呈负相关。

（4）各植被区（不包括针叶林区和荒漠区）4~5 月植被 NDVI 与当月气温和降水均呈正相关，其中针叶林区、草甸草原区、典型草原区 NDVI 与气温呈显著正相关，荒漠草原区、草原化荒漠区的 5 月 NDVI 与 5 月降水量呈显著正相关。6~8 月植被 NDVI 与当月降水量呈正相关，与当月平均气温呈负相关，其中 7 月最突出。针叶林区和荒漠区与上述植被区表现不同。

（5）各植被区（针叶林区除外）月 NDVI 与前 1 个月降水量呈正相关（其中 7~8 月最显著），而与前 1 个月气温的关系较为复杂，其中 6~9 月与气温呈负相关，其他月份与气温呈正相关（5 月最明显）。落叶阔叶林区和荒漠草原区 5 月 NDVI 与 5 月气温呈显著正相关。落叶阔叶林区、荒漠草原区和草原化荒漠区 6 月 NDVI 与前 1 个月降水量呈显著正相关，落叶阔叶林区和典型草原区 9 月 NDVI 与前 1 个月降水量呈显著正相关。针叶林区月 NDVI 与前 1 个月降水量和气温相关性均不显著。

（6）各植被区（不包括针叶林区）5~10 月 NDVI 与前 2 个月降水量呈正相关，其中 8~9 月最明显。草原化荒漠区 7 月 NDVI 与前 2 个月降水量呈显著正相关，典型草原区 10 月 NDVI 与前 2 个月降水量呈显著正相关。针叶林区 5~7 月 NDVI 与前 2 个月降水量呈正相关，8~10 月 NDVI 与前 2 个月降水量呈负相关，其中 10 月与前 2 个月降水量呈显著负相关。

第
六
章

结　语

一、讨论

（一）蒙古高原气候时空演变

前人研究表明，近百年蒙古高原年降水整体上呈减少趋势，其中1911～2010 年微弱减少（-0.1mm/10a）（Jiang et al.，2016），1969～2013 年以-4.5mm/10a 的速率减少（刘兆飞等，2016），1976～2010 年以-6.0mm/10a 的速率减少（丹丹，2014），本书与上述研究结论一致。但是本书结果显示 1961～2014 年蒙古高原年降水量下降速率为-2.30mm/10a（$p > 0.05$）（见图 3-1a），高于 Jiang 等（2016）在百年尺度上的研究结论，低于刘兆飞等（2016）和丹丹（2014）的结果。这可能与不同学者采用的研究时段和研究方法不同有关。例如，本书研究期内的末期（2012～2014 年）蒙古高原整体上进入多雨期，这期间平均年降水量为 353.9mm，比多年平均年降水量（305.58mm）高48.3mm（见图 3-1b），从而或多或少缓和了降水减少的幅度。丹丹（2014）所采用的线性趋势方法与本书研究 Sen's 斜率法比较，相对容易受极端值的影响，可能略微夸大降水减少的幅度（Yue et al.，2002）。

本书显示，蒙古高原的干湿期变化为 20 世纪 60～80 年代末降水波动频繁，20 世纪 90 年代降水偏多，而 2000 年以后降水偏少（见图 3-1b）。这一重要结论与 Jiang 等（2016）利用再分析资料研究百年尺度的蒙古高原降水变化得出的规律完全一致。与 Lu 等（2009）研究内蒙古气候演变（1955～2005 年）的结论相比，重叠时段的降水变化趋势一致。

图 3-3 显示研究区春冬季节降水呈增加趋势，夏秋季节降水呈减少趋势，夏季降水占年降水的 68%，一定程度上夏季降水决定年降水变化趋势。受全球变暖的影响，降水的季节变异加强，区域不同，降水的季节变化也有所不同（郭群，2013）。1920～2000 年全球陆地夏秋季

节降水呈减少趋势，而春冬季节降水呈增加趋势（施能等，2004）。前人研究表明，蒙古高原 1976~2010 年冬春季节降水呈增加趋势，夏秋季节减少（丹丹，2014），与本书结论一致。然而蒙古国 1940~2001 年冬春季节降水有所减少，夏秋季节降水变化不大（Batima et al.，2005）。该结果与本书结果不一致，这可能与研究期和研究区域不同有关。但本书中春季降水增多的结果得到了丁勇等（2014）和 Gao 等（2014）研究内蒙古地区春季降水变化趋势的佐证。蒙古高原地区春季降水的增加将对区域农牧业发展和抑制沙尘暴产生积极的影响（Tao et al.，2014）。

已有研究表明，全球变暖对世界各气候区降水的影响明显，而且具有时空差异性。本书研究表明，半个世纪以来的蒙古高原降水整体上呈减少趋势，但空间差异显著，东南部和北部减少明显，西南部和东北部有所增加（见图 3-4b），这一结果不但验证了刘兆飞等（2016）和 Jiang 等（2016）在该区域得出的研究结论，而且也为全球变暖背景下的世界降水格局演变的时空差异性提供了一个区域实例。

过去半个世纪以来，北半球东亚夏季风减弱，季风降水逐渐减少，使太平洋对蒙古高原的水汽输送减少，进而使蒙古高原东南部甚至整个蒙古高原降水减少，研究也发现，蒙古高原东南部降水减少显著，最高可达 -20mm/10a（见图 3-4b）。尽管近 60 年来内蒙古地区季风区降水呈现下降趋势，但是西风区降水呈上升趋势，因此本书中的蒙古高原西南地区降水增多应当与西风增强有关（李文宝等，2015），与 1987 年以后新疆北部地区出现的气候暖干向暖湿转化的原因相同（施雅风等，2003）。

本书研究发现，在蒙古高原整体降水减少的大背景下，西南部和东北部降水却在增加，而丁勇等（2014）应用 1969~2008 年数据对内蒙古地区气候演变研究的结论是呼伦贝尔北部、鄂尔多斯高原和阿拉善地区的降水增加，两个研究中的降水增加区域一致，间接地证明了本书研究结果的科学性。

结果显示（见图3-6），各季节降水量变化空间分布差异明显。冬春季东南和西北降水增加明显，而夏秋东南和北部降水减少明显。丁勇等（2014）在内蒙古地区40年尺度研究得出的四季降水变化空间格局完全印证了本书的研究结论。其中，研究区的东南部和西北部春季降水增加显著，与秦福莹等（2018）针对蒙古高原近20年尺度的气候变化的研究结论一致，与春季不同，本书中夏季降水变化的空间格局与Endo等（2006）在蒙古国（1960~1998年）和李文宝等（2015）在内蒙古中西部（1950~2010年）得出的结论相似。然而，夏、秋和冬三个季节降水变化的空间分布均没有得到秦福莹等（2018）结论的佐证。由此可知，区域尺度和时间尺度的差异未必会导致结论的差异，正说明了全球变暖对世界各气候区降水的影响具有时空差异性和不确定性。

本书发现，研究区西北部的乌布苏省附近降水增加，而该地区分布着如Uvs淖尔、Harus淖尔、Hyargas淖尔等湖泊，在全球变暖背景下，湖泊水汽蒸发增强，大气湿度增加，形成局地环流，为成云致雨提供更好的条件。

蒙古高原的水汽主要来自太平洋的东南季风、盛行西风带和从北冰洋南下的冷气团。部分研究结果显示，自20世纪70年代以来东亚夏季风有所减弱，减少了向亚欧大陆的水汽输送，从而导致蒙古高原东南部降水量的减少。

李妍等（2016）基于1961~2013年降水数据以及NCEP/NCAR再分析资料，利用天气尺度气旋追踪法，对内蒙古及其周围地区大气气压进行研究，指出夏季欧亚大陆上出现两个明显的正异常区，一个正异常区是从贝加尔湖北侧和巴伦支海之间，另一个出现在伊朗高原—中亚地区。

与前者对应贝加尔湖以南蒙古国、内蒙古为中心形成了"-+-"的气旋式环流异常。与后者对应，在伊朗高原—蒙古高原—日本海呈现"+-+"的环流状态。"+-+"环流状态下能将太平洋水汽和北冰洋水汽顺利送到蒙古高原，形成降雨，蒙古高原就会降水偏多，而"-+-"环流状态下蒙古高原属于降水偏低的典型环流形势。进一步分析发现，1961~2013年，降水正异常年为7年，负异常年为8年，内蒙古地区降水不显著减少趋势是西太平洋和北冰洋输送水汽减少的结果。Liang等（2011）对中国华北地区1956~2007年大气环流动态进行研究也得出类似的结论。

有研究指出，西风的强度以及位置的经向偏移直接影响蒙古高原西部和东北部降水的多少（李小飞等，2012），西风的增强导致了自1987年起中国西北地区出现了气候从冷干转向暖湿的强劲信号。本书中的西部正与中国西北部重叠，因此可以成为解释研究区西部和东北部降水增加的原因之一。

蒙古高原各季节降水量变化是东亚季风、北冰洋气流和西风的季节性变化综合影响的结果，因此它们的强度、到达的早晚以及持续时间直接影响着研究区的降水过程及季节分配（闫炎等，2010）。

夏季风势力的强弱取决于亚欧大陆与太平洋之间的海陆热力差异。闻正（2015）指出，20世纪的后30年，东亚夏季风强度持续减弱、季风雨带逐渐南移，从而导致中国北方夏季干旱的出现，而本书中夏季降水减少显著正是对中国北方干旱的区域响应。

孙照渤等（2017）指出，与常年相比，当西伯利亚高压和阿留申低压偏弱时，冷高压中心偏北，华北地区受西北冷空气影响较小，而受到来自南方和近海系统的影响较大，导致中国华北地区，也包括本书中的东北和南部冬季降水偏多。

同时，张自银等（2008）的研究也证实，全球变暖引起的温度升高使东亚槽脊系统偏弱，冬春季华北等地区比常年降水有所增加。

虽然，模式研究预测蒙古高原地区的降水量未来有微弱的增加趋势，但是与未来的气温增加幅度相比，未来降水的增加幅度很小。通常情况下，气温增温幅度的加大将会导致蒸散发的巨大增加，微弱的降水增加未必能缓解蒙古高原的干旱化趋势。因此，笔者初步认为蒙古高原地区的未来气候变化有趋向于越来越干的可能。

蒙古高原东西跨越 34 个经度，南北跨越 15 个纬度，这一广阔区域受多种气候系统的影响，其气候要素分布空间差异大，形成了多种植被区。

本书不同植被区降水变化结果（见图 3-2）与前人研究结果并不矛盾。不同研究中各植被区降水变化速率不一致主要是由于对植被类型划分的不同。例如，Lu 等（2009）把内蒙古植被划分为森林、草原和荒漠，降水减少速率分别为 -2.3mm/10a、-5.4mm/10a 和 -4.7mm/10a（1955~2005 年）。在本书中却发现，即使在草原区也存在内部差异，即典型草原区（-4.813mm/10a）>草甸草原区（-2.447mm/10a）>荒漠草原区（-0.024mm/10a）。在森林区，针叶林与阔叶林的差异同样存在。由此可见，本书中的植被类型区的划分能够发现不同植被区之间的细微差别。Bao 等（2014）利用 1982~2006 年蒙古国 60 个气象站资料，把蒙古国分为森林、草甸草原、典型草原、高寒草原、荒漠草原以及无植被区，分析五种植被区的降水变化趋势发现，生长季降水均呈减少趋势。

本书表明，典型草原区（-4.813mm/10a）>草甸草原区（-2.447mm/10a）>荒漠草原区（-0.024mm/10a），与包刚等（2013）草甸草原（-2.997mm/a）>典型草原（-1.878mm/a）>荒漠草原（-0.527mm/a）的研究结果增减趋势方向一致，均呈减少趋势。

本书针叶林区年降水呈增加趋势（4.543mm/10a），落叶阔叶林区为 -1.336mm/10a，而包刚等（2013）得出森林区为 -1.971mm/a，研究结果不一致，这可能与包刚等（2013）指的森林区包括本书所指的针叶林区和落叶阔叶林区有关。

另外，Bao 等（2014）研究中的高寒草原（-0.912mm/a）在本书中由部分草甸草原区和针叶林区组成，这也是本书中典型草原区和草甸草原区年降水减少幅度顺序与上述研究的草甸草原区年降水减少幅度大于典型草原区的可能原因。

总之，本书结果与 Bao 等（2014）研究结果对比发现，多数植被区降水变化趋势方向一致，研究时间段的不一致和植被区分类方法的

不同是结果不一致的主要原因。

全球气候变暖已得到广泛认可，但众多研究事实表明，在全球气候变暖背景下，不同区域气温变化并非同步，而是存在明显的区域差异。

近半个世纪以来，全球增温趋势更加显著。近 100 年（1911~2010 年）蒙古高原区域年平均气温增加了约 2℃，增温速率为 0.18℃/10a，大约是全球同期平均增温速率（0.06℃/10a）的 3 倍。1969~2013 年蒙古高原年平均气温增速为 0.49℃/10a，明显高于中国区域 1951~2004 年增温速率 0.25℃/10a。

本书分析发现，近 50 多年（1961~2014 年）蒙古高原年平均气温升高趋势显著，平均每 10a 增温 0.35℃，增幅约 2℃（见图 3-7a），比刘兆飞等（2016）研究中的增温速率低，但比 Jiang 等（2016）给出的增温速率高。这种增温速率的差异与研究区域、时间尺度以及研究所用的数据源不同有关。例如，刘兆飞等（2016）的研究由于研究区包括了增温速率较高的甘肃、宁夏和陕西地区（刘学智，2018）而导致了整体研究区气温增速偏高，而 Jiang 等（2016）的增温速率低主要是由于研究期较长，掩盖了本书中蒙古高原 20 世纪后半叶气温的急剧增长趋势。

本书结果显示，蒙古高原年平均温度在 1989 年发生了突变，由负距平变成正距平（见图 3-7b），这与 Batima 等（2005）、丹丹（2014）、王菱等（2008）和 Hu 等（2018）对蒙古高原研究得出的结论大体一致。

目前，气候变化已经超越了国界，成为全人类共同关注的焦点问题。虽然，很多学者都认为全球气温的增加与人类活动引起的 CO_2、CH_4、N_2O 浓度的升高直接有关（沈永平、王国亚，2013），但就气温突变的原因一直没有明确的解释。

本书发现，虽然蒙古高原半个多世纪以来的年平均气温持续升高，但各季节增速是冷季（春、冬）>暖季（秋、夏），增温幅度冬季>春季>秋季>夏季，四季的增温速率空间差异不明显，整体均呈增长趋势。

冬季在研究区南部局部增温最明显，得到了 Jiang 等（2016）在百年尺度上的研究结论的证实。虽然冬季增温显著可以给本季带来一定的降水，但在很大程度上减弱了东亚季风的活动（布和朝鲁、林永辉，2003），影响来自太平洋的湿润气流给蒙古高原的生长季带来充足的降水，这正是气候变暖给全球带来危害的事例。

从图 3-12 看出，研究区南部冬季气温增加明显，这结果与李静等（2014）研究内蒙古西部地区的结论一致，尤其是呼和浩特市、包头市、鄂尔多斯市等地增温更加突出。这可能与 20 世纪后期中国西北地区暖湿趋势和城市化进程有关。

近年来，国内外许多学者对蒙古高原气候变化及其驱动力开展了诸多研究。学术界普遍认为，蒙古高原气候变化是全球气候变化的一部分，其既具有与全球气候变化的一致性，又有它的特殊性。王菱等（2008）认为，蒙古高原变暖速率高于全球水平，也高于北半球平均水平，这可能与它的脆弱生态系统有关，而李静等（2014）的研究表明，内蒙古西部地区气温变化与青藏高原指数、北极涛动指数和西风环流指数具有明显的正相关性。2001 年，IPCC 在第三次评估报告中更明确指出：在过去 50 年观测到的大部分增温情况，可以归因于人类活动。本书认为，全球气候变化的驱动因素既有自然方面的原因，更是近百年来人类活动持续加强的后果，只是目前还没有一个可信的评估模型能够确定自然和人为因素的贡献度大小，蒙古高原也不例外。

将本书与前人研究结果对比发现，本书中各种植被区的增温幅度基本低于 Bao 等（2014）和 Guo 等（2014）的结论，但接近 Lu 等（2009）的结论。事实上，虽然各学者的研究都在蒙古高原范围内，但具体研究区和研究期都不完全相同。蒙古高原包括蒙古国和内蒙古，前者纬度高于后者。Bao 等（2014）、Guo 等（2014）和 Lu 等（2009）分别研究了蒙古国和内蒙古不同时期的气温变化情况，得出的结论与本书既有共性也有差异。无论是蒙古高原、蒙古国还是内蒙古，气温持续升高是共同的特征，但上升幅度有所不同。主要原因应当归咎于研究区与研究期的差异，如本书表明，1989 年之后是蒙古高原的暖期（见图 3-7b），而 Bao 等（2014）和 Guo 等（2014）的研究期均是从 1982 年开始，包含该暖期在内，增温幅度肯定会相对较大。因此，本书中气温升高幅度低于 Bao 等（2014）和 Guo 等（2014）的研究结论是完全正确的。

在本书中，分析降水时空格局采用了实测和 TRMM 两种数据源。分析发现，TRMM 数据与实测数据一致性较高，说明 TRMM 数据具有很高的实用性。同时，TRMM 数据还具有实测数据不具有的一些优点。TRMM 数据更能从细节上反映出降水量的空间变化，以弥补蒙古高原地域广阔、实测站点稀少、空间内插法所反演结果误差较大的问题。因此，TRMM 数据在研究大尺度范围的气候变化研究中具有良好的前景。

（二）蒙古高原植被 NDVI 时空演变

本书表明，近 32a 蒙古高原区域平均生长季累积 NDVI 呈微弱增加趋势（幅度为 0.064/10a）（见图 4-1a），生长季月平均 NDVI 增加幅度为 0.005/10a；相当于 1982~2012 年全球平均植被全年平均 NDVI 的提高幅度（0.0046/10a），略高于 1982~2006 年北半球中高纬度（23.5°N 以北）生长季月平均 NDVI 的增加趋势（0.004/10a），而低于中国区域 1982~2010 年生长季月平均 NDVI 的增加幅度（0.007/10a）。由此可知，蒙古高原植被覆盖整体上呈改善趋势的结果与全球、北半球中高纬度以及中国区域的植被活动增强的结果一致。

有研究显示，1982~2006 年蒙古高原植被全年平均 NDVI 上升趋势为 0.004/10a，1982~2013 年生长季月平均 NDVI 以 0.003/10a 的速率增加（Tong et al.，2018）。然而，本书生长季月平均 NDVI 的增加幅度明显高于上述研究。包刚等（2013）采用一年内 12 个月的月最大 NDVI 的平均值，包括了非生长季月份的 NDVI 信息，取平均之后可能低估了植被 NDVI 平均值的增加趋势。虽然，Tong 等（2018）的研究与本书的研究期一致，但计算区域生长季植被平均 NDVI 时剔除的无植被区面积较小，因而导致最终的植被指数评估值较低。

尽管蒙古高原生长季 NDVI 变化趋势不明显，但具有明显的波动性，并且无论是研究区还是各植被区的变化规律基本一致，即 1982~1990 年提高，1990~2008 年降低，2008~2013 年提高显著。这一结果与 Miao 等（2013）和 Bao 等（2014）的研究结论大体一致，只是转折点略有不同。由此可知，1982~2013 年蒙古高原植被变化的两个重要转折点是 20 世纪 90 年代初和 21 世纪初。20 世纪 90 年代初之前植被呈改善趋势，20 世纪 90 年代初期至 21 世纪初期植被退化严重，21 世纪初期之后植被改善明显。

在研究区尺度上，1982~2013 年蒙古高原春、夏和秋季节 NDVI 均呈增加趋势（见图 4-2~图 4-4），分别为 $0.52×10^{-2}/10a$、$0.058×10^{-2}/10a$ 和 $0.353×10^{-2}/10a$；戴琳等（2014）研究表明，1982~2006 年蒙古高原春季和秋季 NDVI 呈增加趋势，而夏季 NDVI 呈减少趋势；本书中春季和秋季 NDVI 的变化趋势与戴琳等（2014）的研究一致，而夏季 NDVI 的变化趋势与之相反，这种差异可能是因为两种研究的时间尺度不同，本书的研究期延长至 2013 年，2008~2013 年夏季正好是 NDVI 快速恢复期，使研究期内夏季 NDVI 呈增长趋势。包刚等（2013）的研究表明，2001~2010 年蒙古高原春、夏季植被覆盖度呈下降趋势，而秋季呈上升趋势，其与本书重叠的时间段（2001~2010 年）内的夏季 NDVI 变化特征相同。2001~2010 年正是蒙古高原过去几十年来降水量最少的时段，也是下降最明显的时段，而且降水减少主要发生于夏季，夏季降水的减少直接导致夏季 NDVI 的减少。

本书表明，蒙古高原和各植被区 NDVI 的季节变化规律为平均 NDVI：夏季>秋季>春季，这表明蒙古高原植被季节变化明显，夏季植被生长旺盛，这一结果与前期研究一致，这是由于植被年内生长状况主要受水热条件及其组合的影响，降水分配为夏季>秋季>春季，春季气温逐渐回升，夏季达到最高，受雨热同期的影响，夏季 NDVI 最高，春秋季则均低于夏季。

春季以无植被覆盖区和低覆盖区为主，面积占比合计约 80%；秋季以低、中覆盖区为主，面积占比合计约 81%；夏季以中、高覆盖区为主，面积占比合计约 60%。这一差异恰好反映了蒙古高原植被从春季返青到夏季生长旺盛再到秋季逐渐枯黄的季节韵律。春季绝大部分区域地表裸露，尤其研究区西南部分布着荒漠，植被稀疏低矮，又严重缺水，植被返青很晚；夏季，随着降水的增加，除了荒漠区以外，研究区大部分地区的植被覆盖度明显提高，达到了中、高覆盖程度；秋季，阔叶林开始逐渐落叶，以草本植物为主的草原区迅速枯黄，导致研究区以低、中覆盖为主。

本书研究表明，蒙古高原生长季和季节 NDVI 从高原北部、东北部和东南部向南、西南和西北逐渐递减，这一结果与前人用不同数据集对蒙古高原不同时段植被 NDVI 空间分布的研究结果一致（Hu et al.，2008；包刚等，2013）。从张雪艳等（2009）研究可知，蒙古高原年 NDVI 分布格局从高原北部和东北部整体向西南递减。Hu 等（2008）研究表明，1982~2003 年多年平均蒙古高原年最大 NDVI 值存在明显的空间分异，高 NDVI 值主要分布于东部和北部（森林、森林草原和草甸草原），而低 NDVI 值主要分布于西部和南部（沙漠和戈壁）地区，同时也表明 GIMMS NDVI 数据在植被 NDVI 空间分布研究方面的表现力较强。

本书发现，生长季 NDVI 变异系数空间分布特征与生长季 NDVI 空间分布特征相反，即 NDVI 值越高变异系数越低（见图 4-7）。Zhang 等（2009）研究 1982~2003 年蒙古高原年最大 NDVI 的空间格局及其分异，指出该区平均变异系数为 15.2%，年最大 NDVI 的年际变异系数在高 NDVI 区域较小，在低 NDVI 区域较大，其结果与本书较为一致。然而，本书发现 1982~2013 年蒙古高原生长季 NDVI 变异系数的区域平均值为 20.16%，高于上述研究结果。这可能与本书采用了生长季累积 NDVI，而 Zhang 等（2009）的研究采用了年最大 NDVI 有关，年最大 NDVI 指标只取一年内的植被长势最好的情况，必然忽略了植被 NDVI 变化过程，容易出现年际变异系数偏低现象。

研究区东南部和南部等地区生长季累积 NDVI 相对较低，然而其变异系数也相对较低，这与"NDVI 值越高变异系数越低，NDVI 值越低则变异系数越高"的规律不吻合，这可能与研究区南部和东南部大量分布农耕区有关。在农耕区，人类对土地的管理削弱了植被生长对气候因子的依赖性，植被 NDVI 的年际变异相对稳定。例如，夏虹等（2007）研究证实，人类活动是影响内蒙古中部农牧交错区——阴山北麓地区植被生产力年际波动的重要因素。例如，耕作制度、灌溉以及田间管理措施等改变了区域水分条件，植被生长环境稳定，植被 NDVI 变异系数较小。

虽然，蒙古高原及其各植被类型区的植被生长季 NDVI 变化均呈增加趋势，但不同区域植被 NDVI 变化过程还是有差异的。本书表明，研究区近 32 年生长季 NDVI 显著增加面积大于显著减少面积（见图 4-11），显著减少的区域主要分布于北部西南端、中部的南端、东南部的西北地区等，而显著增加的区域主要分布于西北部西端、北部的北半部、东南部的东南地区、南部等地区，而影响植被 NDVI 变化的驱动因子主要为区域气候变化、过度放牧、垦殖和生态工程。

在本书中，蒙古高原北部西南端和东南部的西北地区植被 NDVI 以显著减少为主，得到了 Hu 等（2008）和 Li 等（2011）研究结论的证实。这些区域主要包括蒙古国后杭爱省、库苏古尔省南部、前杭爱北部、布尔干省南部、中央省中西部以及内蒙古赤峰市东北部、通辽市西北部、兴安盟、锡林郭勒盟部分地区。上述地区以畜牧业生产为主，不仅牲畜数量急剧增多，牲畜密度也越来越大，超载过牧非常严重，对草地造成了极大的破坏，直接导致植被覆盖度降低。例如，1988～2013 年赤峰和通辽市羊的数量分别增长了 71.80% 和 231.0%。牲畜的急剧增加，加剧了草畜矛盾，导致草地退化和沙化越来越严重（王娟等，2012）。

研究区中部的南端属于中戈壁省、南戈壁省和东戈壁省等地区，为蒙古国的干旱地带，气温的明显升高导致蒸发增加、干旱和风蚀的进一步加剧，再加上这些地区的水资源极为匮乏，本书研究期内蒙古国南部荒漠戈壁区降水减少幅度高达−14.39mm/10a，严重抑制了植被生长，导致植被 NDVI 减小（包刚等，2013）。

研究区西北部的西端和北部的北半部属于蒙古阿尔泰山脉、萨彦岭和肯特山区，为高海拔和高纬度地区，热量相对匮乏，分布着面积广大的针叶林。然而，有研究发现，该地区是蒙古高原的升温明显区域之一。增温不但改善了热量条件，促进了植被生长，而且也延长了植被的生长季，进而提高了植被 NDVI。Zhao 等（2015）研究表明，1982 ~ 2011 年蒙古高原森林返青时间显著提前，每 10 年提前了 1.2 天，为高纬度和高海拔地区增温的生态效益提供了良好的实证。

本书中的东南部边缘、阴山山脉北麓地区和河套平原，主要为农牧交错区或农业区，包括内蒙古科尔沁区、开鲁、科尔沁左翼中旗、科尔沁左翼后旗、宁城县、敖汉旗、呼和浩特市、集宁市及巴彦淖尔市等地，近几十年来大量土地被垦殖为耕地。与牧区相反，这些地区植被 NDVI 显著增加主要是大面积垦殖、化肥农药的大量使用、农田水利设施建设的结果（Li et al.，2011）。例如，1988 ~ 2013 年，通辽市和赤峰市耕地面积分别增长了 69.01% 和 43.94%。另外，植被指数是衡量植被生长状况的指标，与植被覆盖度和生产力都具有较高的相关性，因此本书认为，上述地区植被 NDVI 的提高可能与作物长势也密切相关。

研究区南部的鄂尔多斯高原东部主要为草原区，其植被 NDVI 增加主要得益于"天然林保护""京津风沙源治理""防沙治沙"等植树种草生态工程的实施（张韵婕等，2016）。根据姚炳全（2016）的研究，2000 ~ 2010 年鄂尔多斯天然林保护工程建设面积已达国土总面积的 7%，植被覆盖率明显提高，生态环境得到改善，尤其是毛乌素沙地的生态恢复非常显著，在国内得到了广泛认可。

本书发现，从季节植被 NDVI 增减面积比例分析，夏季 NDVI 减少趋势面积远大于增加趋势面积，春季和秋季相反。由此可知，蒙古高原植被 NDVI 以夏季退化为主，春季和秋季有所改善。戴琳等（2014）和

Zhao 等（2015）的研究也得出了同样的结论。

事实上，是夏季温度升高和降水减少共同导致了夏季植被退化（张井勇等，2005）。

本书发现，除了研究区南部和东南部边缘夏季 NDVI 受人为因素影响（生态工程和垦殖）而得到改善，其余大部分地区的自然植被退化都很明显，尤其是草原区和荒漠区夏季植被退化更加显著。在本书中，近50年蒙古高原夏季降水量减少幅度为 -5.75mm/10a，远高于年降水量的减少幅度，降水的减少必然影响植被的生长，导致植被 NDVI 降低。同时，随着近些年的气温升高，干旱程度加剧，夏季干旱频率和范围扩大，导致夏季大面积植被退化。作为植被生长的旺盛期，夏季是全年植被生物量最高的季节，夏季植被 NDVI 很大程度上就代表了全年植被生长状况。蒙古高原夏季植被 NDVI 退化状况主导了整个蒙古高原植被局部改善而整体退化的趋势。

（三）蒙古高原植被 NDVI 对气候演变的响应

许多研究者从不同时空尺度对气候变化与植被生长的关系开展了大量研究，取得了很多有价值的成果。

本书发现，蒙古高原各植被区月 NDVI 与当月降水量和气温之间呈显著正相关，降水量与气温之间也呈显著正相关，气温与植被 NDVI 的相关性大于降水的相关性。这说明各植被区降水量、气温、植被 NDVI 的年内变化同步，即雨热植被 NDVI 同期。这一结果得到了 Yang 等（2012）利用10天时间分辨率的 SPOT VEGETAION NDVI 数据和气象数据在内蒙古开展的相关研究（1998~2008年）结论的证实。分析各植被区 NDVI 与水热条件关系可知，植被与气温的相关性随着降水的减少而逐渐减弱，而与降水的相关性除了荒漠区明显偏低以外，其他植被区之间相关性差异不大。因此，笔者认为，水热条件及其组合对植被的影响受区域各生态因子中处于最低量的因子的控制。本书中得出的雨植同期的规律与北美地区的研究结论不一致。Forzieri 等（2011）研究发现，北美草原区雨植不同期，植被 NDVI 高值期滞后于降水高峰期，植被 NDVI 低值期也落后降水低谷期。这说明不同地区的植被对降水的响应存在差异。差异产生的原因可能与不同地区的植被和土壤的持水能力有关。

本书表明，除了针叶林区和荒漠区以外，蒙古高原多数植被区生长季 NDVI 与生长季降水量呈显著正相关，与生长季平均气温呈负相关但不显著。由此可知，在蒙古高原，降水的增加有利于植被的生长，气温的升高反而抑制了植被的生长。孙艳玲等（2010）研究表明，在内蒙古地区植被 NDVI 与降水的关系也具有相似的结论，但比本书中植被与降水的相关性稍高。

实际上，蒙古高原大部分地区为干旱和半干旱区域，热量条件相对充足，能够满足植被生长的需要，而水分不足，降水成为控制植被生长的限制因子。因此，蒙古高原植被的生长对降水变化的敏感度较高，而不同研究中植被对降水敏感度的差异可能与政策导向下的人类干预有关。

本书发现，针叶林区生长季 NDVI 与生长季气温呈正相关而与降水量呈负相关，但均不显著。荒漠区生长季 NDVI 与生长季降水量和气温均呈正相关。上述结果与 Bao 等（2014）和 Guo 等（2014）的研究结果一致。

针叶林区位于高纬度和高寒地区，气候寒冷，热量不足，而降水比较充沛，因此植被的生长主要受气温的控制。这一结果得到了 Bao 等（2014）在蒙古国森林地区开展的研究结论的佐证。荒漠区，气温高，降水极少，有限的降水主要消耗于旺盛的蒸发，即使降水也无法变成植被可利用的水分，导致植被对气温和降水变化的响应不敏感。

草原植被作为蒙古高原的主要植被类型，其对气候变化的响应可以指示蒙古高原在全球变化背景下的植被变化趋势。Bao 等（2014）和 Guo 等（2014）分别研究了蒙古国和内蒙古生长季 NDVI 与生长季降水的关系，结果表明不同草原植被对降水的敏感性不同，荒漠草原对降水最敏感，而草甸草原对降水的敏感性相对较低。这说明在不十分缺水的草甸草原地区，降水的变化虽然影响植被的生长，但影响程度低于严重缺水的荒漠地区降水对植被生长的影响。在本书中，无论是生长季还是夏季，草原植被 NDVI 对降水的响应程度顺序均与上述结论不同。这可能是不同研究中季节 NDVI 的计算方法不同造成的。Bao 等（2014）和 Guo 等（2014）的研究采用生长季各月最大 NDVI 的平均值作为生长季平均 NDVI，忽略了不同植被类型区的植被生长过程的差异，尤其忽略了荒漠草原区初春无法监测到植被绿度的情况（时忠杰等，2011），而本书采用的是生长季累积 NDVI，对不同植被区的植被生长过程进行了全程监测，更能反映出不同植被区的差异，得出的结论更加符合实际情况。

落叶阔叶林区、草甸草原区、典型草原区和荒漠草原区季节 NDVI 与季节降水量均呈正相关，其中夏季 NDVI 与当季降水量均呈显著正相关，说明虽然在蒙古高原半湿润半干旱地区，降水相对不足，各个季节降水变化都会影响植被的生长，但夏季降水量才是主导植被累计生长量的关键因子，这一结论与前人研究一致（Zhao et al.，2015）。就气温对植被的影响而言，上述植被区季节 NDVI 对季节气温的响应特征因季节而不同，即与春、秋季气温呈正相关，而与夏季气温呈负相关，春季和秋季气温的升高通过延长植被物候期而促进植被的生长，而夏季过高的气温通过加剧植物蒸腾和土壤蒸散而造成水分不足，从而抑制植被生长。这一研究结果得到了 Iwasaki（2006）和张连义等（2008）研究结论的证实。

草甸草原区、典型草原区和荒漠草原区春季 NDVI 与当季气温和降水均呈正相关。这说明春季水热组合的改善促进了草原区植被的快速生长。有研究表明，春季随着气温回升，冰雪融化，加快土壤表层的消融，提高土壤养分和水分的有效性，进而加速草地植被增长，而且春季气温的影响大于降水，主要原因是在保证水分充足的前提下，植物的生理生化反应会随着温度的升高而加快，进而加快植物的生长发育速度。

春季气温对草原植被 NDVI 的影响程度是草甸草原区>典型草原区>荒漠草原区，反映了在热量条件较差的地区（草甸草原区）气温起到了更加重要的作用。草原化荒漠和荒漠区春季 NDVI 与当季降水量呈显著正相关，与气温呈负相关，体现了在极端缺水地区春季降水对植被的重要性，而气温的升高反倒不利于植被的返青（Chuai et al.，2013）。

到了夏季，草甸草原区、典型草原区和荒漠草原区的热量完全能满足植物的需要，因此夏季降雨对温带草原具有决定性的影响，而气温则成为抑制植被生长的条件。在草原区，随着水分条件的恶化，植被 NDVI 对夏季降水的敏感性逐渐提高。荒漠草原区水分条件略差，高温对植被可利用水分的影响显著，因此夏季 NDVI 在荒漠草原区比其他草原区对夏季降水量的依赖性更强。

草甸草原区、典型草原区和荒漠草原区秋季 NDVI 与当季降水和气温的相关性均不显著，秋季降水和气温对当月 NDVI 的影响不明显。

在针叶林区，植被 NDVI 只与春季气温呈显著正相关而与秋季降水呈显著负相关。因为针叶林区降水充沛，但气候寒冷，春季气温的回升则成为促进植被返青的重要条件，而秋季情况则不同。秋季过多的降雨意味着云量的增加，太阳辐射和温度随之降低，从而抑制植被生长（Fang et al.，2005）。所以，对于针叶林来说，高温少雨更有利于植被生长。在荒漠区，秋季气温的升高不利于植被的生长，可能与气温升高与水分的损失有关（周梦甜等，2015）。

草地植被 NDVI 对降水和温度响应往往存在一定的滞后效应（Piao et al.，2006），但不同地区植被 NDVI 滞后的时间存在差异。例如，北美大草原植被 NDVI 比降水滞后 2~4 周，而蒙古高原典型草原植被 NDVI 与降水量存在半个月的时滞效应（陈效述、李倞，2009）。本书分析了植被 NDVI 与前期（1~2 月）降水的关系，同样存在滞后效应，却只有 7~8 月植被 NDVI 与前 1 个月、8~9 月植被 NDVI 与前 2 个月的降水量呈显著相关，即 7~9 月植被 NDVI 比降水滞后 1~2 个月。这种差异产生的原因可能是植被类型和生长环境存在差异。

　　蒙古高原 6~9 月 NDVI 与前 1~2 个月的月降水之间呈正相关，相关系数高于当月植被 NDVI 与当月降水的相关性，而 NDVI 与前 1 个月气温的关系较为复杂，6~9 月与气温呈负相关，其他月份与气温呈正相关（5 月最明显）。这与已有学者研究结果一致（张戈丽等，2011；Bao et al.，2014）。例如，郭灵辉（2014）研究发现，内蒙古不同草原植被（草甸草原、典型草原、荒漠草原）月 NDVI 与前期降水均呈正相关（草甸草原 4 月除外），尤其是典型草原和荒漠草原更加显著，主要原因是荒漠草原和典型草原比草甸草原更加干旱，对降水依赖性强。然而，4~5 月植被 NDVI 大都与前期气温呈正相关，而生长后期 NDVI 与气温呈负相关，说明春季温度回升对牧草生长尤为重要，而生长旺季温度的升高则会抑制植被生长。因此可知，蒙古高原生长季相对充足的热量使植被对降水的响应比对气温的响应更加敏感。

　　蒙古高原草原区土壤类型主要为栗钙土和棕钙土，土壤具有一定的蓄水保水能力，一次脉冲式的降水转化为土壤水分，可在一定时间内影响植被生长，这是草原区植被生长对降雨量的响应具有一定的时滞性的可能原因（渠翠平等，2009；许旭等，2010）。本书结果显示，荒漠区只有 8 月 NDVI 与前一个月降水呈显著正相关，其他月份均不显著，这可能是因为荒漠区植被稀疏，温度高使表层土壤水分易于蒸发，植被生长对降水的响应迟钝，滞后效应不明显（李宁等，2006）。

　　综上所述，月植被 NDVI 不仅与当月水热组合有关，更是前期（前 1 个月或前 2 个月或更长时间）水热条件变化累积效应的表现。在今后研究中可结合该地区植被的物候变化，定量分析各植被区不同阶段植被生长对气候变化的响应来分析水热条件变化对植被等的影响。

二、结论

　　本书从不同时空尺度上分析近 50 年来蒙古高原气候和植被生长变化特征，验证 TRMM 卫星降水数据在蒙古高原降水时空格局研究中的适用性，阐明区域气候变化对蒙古高原植被生长的影响，主要结论如下：

（1）1961～2014年蒙古高原年平均气温呈显著的上升趋势，增幅约2℃，上升速率大约是全球平均气温上升速率的2倍，年降水整体上在减少。1989年之前为相对低温期，20世纪90年代以暖湿为主，2000年以后暖干化明显。季节平均气温均呈显著上升趋势，速率大小依次为：冬季>春季>秋季>夏季，四季的增温速率空间差异不明显（局部地区除外）。受东亚季风、北冰洋气流和西风的强度、到达的早晚以及持续时间的影响，降水变化时空差异显著，春冬季降水呈显著增加趋势，而夏季降水呈显著减少趋势，秋季降水变化不明显。空间变化结果表明，夏季降水在高原东南部和北部减少显著，东北部、南部和西北部增加；春季降水整体增加，东南部和西北部增加显著；秋季降水在北部和东南部减少明显；冬季降水在北部（东北、北部、西北）和南部增加显著。TRMM卫星降水数据与实测降水数据时空一致性高，可以应用于不同时空尺度的降水变化研究。

（2）1982～2013年蒙古高原及其各植被区生长季（4～10月）区域平均NDVI增加，但不同时期差异明显。各植被区季节平均NDVI变化趋势差异显著，其中春秋季各植被区NDVI均呈增加趋势（荒漠区除外）。夏季针叶林区、草甸草原区和荒漠区植被NDVI有所下降，而落叶阔叶林区、典型草原区、荒漠草原区和草原化荒漠区植被NDVI有所上升。从季节NDVI增减趋势的面积比来看，夏季NDVI除南部、东南部增加之外，大部分地区植被NDVI减少趋势明显；春季大部分区域植被NDVI呈增加趋势，北部和西北部增加趋势显著；秋季南部、东南部和周边山地森林区植被NDVI增加趋势明显。

（3）不同类型区植被对气候变化的响应研究结果表明，从年际变化来看，多数植被区（针叶林区和荒漠区除外）生长季的NDVI与降水量呈显著正相关，与生长季平均气温呈负相关。生长季累积降水量是驱动蒙古高原多数植被区生长季植被生长状况年际变化的主要因素。从

年内变化来看，蒙古高原雨热植被 NDVI 同期，各植被区逐月 NDVI 与同期气温和降水的相关性均显著，NDVI 与气温的相关性大于降水量。

从季节响应来看，水分相对充足的植被区（针叶林区、草甸草原区、典型草原区）主要受春季（4~5 月）气温的影响显著，春季变暖对其植被生长具有促进作用，而水分条件不足的植被区（荒漠草原区、草原化荒漠区）主要受春季降水的影响显著。夏季草原和荒漠植被变化受降水影响显著，不同类型区植被因其生理生态特征的差异受夏季降水影响的程度不同，荒漠草原区植被生长对夏季降水变化的敏感性最高，其次为草甸草原区和典型草原区；夏季植被变化受气温的影响不明显，夏季气温的上升通过促进水分的蒸发而对其植被生长具有抑制作用。秋季，草甸草原区植被生长受当季气温的影响显著（$r = 0.25$，$p<0.05$），秋季气温的上升通过延长生长季而对其植被生长具有促进作用。针叶林区秋季 NDVI 与当季降水呈显著负相关（$r = -0.32$，$p<0.05$），秋季过多的降水通过影响太阳辐射而降低气温，从而抑制其植被生长。

（4）滞后效应结果表明，多数植被区植被生长对气温和降水变化具有一定的滞后效应，尤其是对降水的滞后效应显著，其显著性因植被类型和生长阶段的推移而有所不同。各植被区（针叶林区除外）6~10 月 NDVI 与前 1 个月和前 2 个月降水量之间呈正相关，其中与前 1 个月降水之间 7~8 月最显著，与前 2 个月降水之间 8~9 月最显著。6~9 月 NDVI 与前 1 个月气温呈负相关，而 4 月、5 月、10 月与前 1 个月气温呈正相关，其中 5 月最显著。针叶林区植被生长对水热条件的滞后效应不明显。

三、展望

（一）耕地对植被与气候相关性的影响

本书以内蒙古植被类型区划（中国科学院内蒙古宁夏综合考察队，

1985）和蒙古国植被类型区划底图（由蒙古国植物研究所编制）作为参考，把蒙古高原划分为七种不同植被类型区（简称植被区），实际上，在多种植被类型区，尤其蒙古高原东南（以科尔沁为中心）和南部（以呼和浩特为中心）广泛分布耕地，而耕地是人为干预下的非自然生态系统，其植被生长规律不仅受气候因素的影响，更重要的是受人为管理措施的控制。因此，耕地植被指数与自然植被指数的变化过程肯定有很大的差异，在一定程度上影响了本书中植被与气候关系的分析。

（二）关于机制的探讨有待深入

本书是探讨植被对气候变化的响应，但在响应一章里只分析了植被指数与降水和气温的相关性，而无法就降水与气温如何影响植被生长的机制展开深入的探讨，主要原因是本书没有开展野外群落调查。就这一点笔者已经注意到了，并将其作为以后研究的重点课题。

参考文献

［1］Angerer J，Han G，Fujisaki I，et al. Climate Change and Ecosystems of Asia With Emphasis on Inner Mongolia and Mongolia ［J］. Rangelands，2008，30(3):46-51.

［2］Bao G，Qin Z，Bao Y，et al. NDVI-Based Long-Term Vegetation Dynamics and Its Response to Climatic Change in the Mongolian Plateau ［J］. Remote Sensing，2014，6(9):8337-8358.

［3］Batima P，Natsagdorj L，Gombluudev P，et al. Observed Climate Change in Mongolia ［Z］. 2005.

［4］Beier L，Beierkuhnlein L，Wohlgemuth T，et al. Precipitation Manipulation Experiments-Challenges and Recommendations for the Future ［J］. Ecology Letters，2012，15(8):899-911.

［5］Beurs K M D，Henebry G M. Land Surface Phenology and Temperature Variation in the International Geosphere-Biosphere Program High-Latitude Transects ［J］. Global Change Biology，2010，11(5):779-790.

［6］Chen J，Ranjeet J，Zhang Y，et al. Divergences of Two Coupled Human and Natural Systems on the Mongolian Plateau ［J］. Bioscience，2017 (6):559-570.

［7］Chuai X W，Huang X J，Wang W J，et al. NDVI，Temperature and Precipitation Changes and Their Relationships with Different Vegetation Types during 1998-2007 in Inner Mongolia，China ［J］. International Journal of Climatology,2013,33(7):1696-1706.

[8] Fan D,Zhao X,Zhu W,et al. An Improved Phenology Model for Monitoring Green-Up Date Variation in Leymus Chinensis Steppe in Inner Mongolia during 1962-2017 [J]. Agricultural and Forest Meteorology,2020, 291:108091.

[9] Fang J,Shilong P,Jinsheng H E,et al. Increasing Terrestrial Vegetation Activity in China,1982-1999 [J]. Science in China,2004,47(3):229-240.

[10] Guo L H,Wu S H,Zhao D S,et al. NDVI-Based Vegetation Change in Inner Mongolia from 1982 to 2006 and Its Relationship to Climate at the Biome Scale [J]. Advances in Meteorology,2014(4):79-92.

[11] Han J,Chen J,Xia J,et al. Grazing and Watering Alter Plant Phenological Processes in a Desert Steppe Community [J]. Plant Ecology,2015, 216(4):599-613.

[12] Hilker T,Natsagdorj E,Waring R H,et al. Satellite Observed Widespread Decline in Mongolian Grasslands Largely due to Overgrazing [J]. Global Change Biology,2014,20(2):418-428.

[13] Hu Y,Ban Y,Qian Z,et al. Spatial—Temporal Pattern of GIMMS NDVI and its Dynamics in Mongolian Plateau [C]//International Workshop on Earth Observation & Remote Sensing Applications. IEEE,2008.

[14] Huang J,Sun S,Xue Y,et al. Changing Characteristics of Precipitation during 1960-2012 in Inner Mongolia,Northern China [J]. Meteorology & Atmospheric Physics,2015,127:257-271.

[15] IPCC. Working group I Contribution to the IPCC Fifth Assessment Report[C]//Climate Change 2013:The Physical Science Basis. Final Draft Underlying Scientific-technical Assessment,2013.

[16] Iwasaki H. Impact of Interannual Variability of Meteorological Parameters on Vegetation Activity over Mongolia [J]. Journal of the Meteorologi-

cal Society of Japan,2006,84(4):745-762.

[17] Jeong S,Ho C,Jeong J. Increase in Vegetation Greenness and Decrease in Springtime Warming Over East Asia [J]. Geophysical Research Letters,2009,36(2):1-5.

[18] Jiang L G,Yao Z J,Huang H Q. Climate Variability and Change on the Mongolian Plateau:Historical Variation and Future Predictions [J]. Climate Research,2016,67(1):1-14.

[19] Kendall M. G. Rank Correlation Methods[M]. London, UK: Griffin, 1975.

[20] Li B,Yu W,Wang J. An Analysis of Vegetation Change Trends and Their Causes in Inner Mongolia,China from 1982 to 2006 [J]. Advances in Meteorology,2011(8):13-30.

[21] Li Z,Chen Y,Li W,et al. Potential Impacts of Climate Change on Vegetation Dynamics in Central Asia [J]. Journal of Geophysical Research,2015,120(24):12345-12356.

[22] Liu Y,Li Y,Li S,et al. Spatial and Temporal Patterns of Global NDVI Trends:Correlations with Climate and Human Factors [J]. Remote Sensing,2015,7(10):13233-13250.

[23] Los S O,Collatz G J,Bounoua L,et al. Global Interannual Variations in Sea Surface Temperature and Land Surface Vegetation,Air Temperature,and Precipitation [J]. Journal of Climate,2001,14(7):1535-1549.

[24] Lu N,Wilske B,Ni J,et al. Climate Change in Inner Mongolia from 1955 to 2005—Trends at Regional,Biome and Local Scales [J]. Environmental Research Letters,2009 (4):045006(699).

[25] Mann H B. Nonparametric Test Against Trend [J]. Econometrica,1945,13(3):245-259.

[26] Martiny N,Camberlin P,Richard Y,et al. Compared Regimes of NDVI and Rainfall in Semi-arid Regions of Africa [J]. International Journal

of Remote Sensing,2006,27(23/24):5201-5223.

［27］Miao L,Jiang C,Xue B,et al. Vegetation Dynamics and Factor Analysis in Arid and Semi-Arid Inner Mongolia［J］. Environmental Earth Sciences,2015,73(5):2343-2352.

［28］Miao L,Liu Q,Fraser R,et al. Shifts in Vegetation Growth in Response to Multiple Factors on the Mongolian Plateau from 1982 to 2011［J］. Physics and Chemistry of the Earth,2015,(87-88):50-59.

［29］Miao L,Luan Y,Luo X,et al. Analysis of the Phenology in the Mongolian Plateau by Inter-Comparison of Global Vegetation Datasets［J］. Remote Sensing,2013,5(10):5193-5208.

［30］Mu S,Yang H,Li J,et al. Spatio-temporal Dynamics of Vegetation Coverage and Its Relationship with Climate Factors in Inner Mongolia,China［J］. Journal of Geographical Sciences,2013,23(2):231-246.

［31］Nandintsetseg B,Greene J S,Goulden C E. Trends in Extreme Daily Precipitation and Temperature Near Lake Hvsgl,Mongolia［J］. International Journal of Climatology,2010,27(3):341-347.

［32］Nandintsetseg B,Shinoda M. Multi-Decadal Soil Moisture Trends in Mongolia and Their Relationships to Precipitation and Evapotranspiration［J］. Arid Land Research and Management,2014,28(3):247-260.

［33］Nastos P T,Kapsomenakis J,Philandras K M. Evaluation of the TRMM 3B43 Gridded Precipitation Estimates over Greece［J］. Atmospheric Research,2016,169(Pt. B):497-514.

［34］Piao S,Mohammat A,Fang J,et al. NDVI-Based Increase in Growth of Temperate Grasslands and Its Responses to Climate Changes in China［J］. Global Environmental Change,2006,16(4):340-348.

［35］Piao S,Wang X,Park T,et al. Characteristics,Drivers and Feedbacks of Global Greening［J］. Nature Reviews Earth and Environment,2019,1(1):14-27.

［36］ Qin F,Jia G,Yang J,et al. Decadal Decline of Summer Precipitation Fraction Observed in the Field and from TRMM Satellite Data Across the Mongolian Plateau ［J］. Theoretical and Applied Climatology,2019,137(1/2): 1105−1115.

［37］ Qu B,Zhu W,Jia S,et al. Spatio−Temporal Changes in Vegetation Activity and Its Driving Factors during the Growing Season in China from 1982 to 2011 ［J］. Remote Sensing,2015,7(10):13729−13752.

［38］ Rowhanp P,Linderman M,Lambin E F. Global Interannual Variability in Terrestrial Ecosystems:Sources and Spatial Distribution Using MODIS−Derived Vegetation Indices,Social and Biophysical Factors ［J］. International Journal of Remote Sensing,2011,32(19/20):5393−5411.

［39］ Shi Z,Liu X,Liu Y,et al. Impact of Mongolian Plateau Versus Tibetan Plateau on the Westerly Jet Over North Pacific Ocean ［J］. Climate Dynamics,2015,(44):3067−3076.

［40］ Sternberg T,Thomas D,Middleton N. Drought Dynamics on the Mongolian Steppe,1970−2006 ［J］. International Journal of Climatology, 2011,31(12):1823−1830.

［41］ Tao G,Si Y,Wei Y,et al. Typical Synoptic Types of Spring Effective Precipitation in Inner Mongolia,China ［J］. Meteorological Applications, 2014,21(2):330−339.

［42］ Tao Z,Huang W,Wang H. Soil Moisture Outweighs Temperature for Triggering the Green−Up Date in Temperate Grasslands ［J］. Theoretical and Applied Climatology,2020,140(3/4):1093−1105.

［43］ Tong S,Quan L,Zhang J,et al. Spatiotemporal Drought Variability on the Mongolian Plateau from 1980−2014 Based on the SPEI−PM,Intensity Analysis and Hurst Exponent ［J］. Science of The Total Environment,2018, 615:1557−1565.

［44］ Tong S,Zhang J,Bao Y,et al. Analyzing Vegetation Dynamic

Trend on the Mongolian Plateau Based on the Hurst Exponent and Influencing Factors from 1982−2013 [J]. Journal of Geographical Sciences, 2018, 28(5): 595−610.

[45] Tucker C J, Slayback D A, Pinzon J E. Higher Northern Latitude Normalized Difference Vegetation Index and Growing Season Trends from 1982 to 1999 [J]. International Journal of Biometeorology, 2001, 45(4): 184−190.

[46] Volder A, Briske DD, Tjoelker M G. Climate Warming and Precipitation Redistribution Modify Tree−Grass Interactions and Tree Species Establishment in a Warm−Temperate Savanna [J]. Global Change Biology, 2013, 19(3): 843−857.

[47] Wu D, Zhao X, Liang S, et al. Time−Lag Effects of Global Vegetation Responses to Climate Change [J]. Global Change Biology, 2015, 21(9): 3520−3531.

[48] Xu X, Riley W J, Koven C D, et al. Heterogeneous Spring Phenology Shifts Affected by Climate: Supportive Evidence from Two Remotely Sensed Vegetation Indices [J]. Environmental Research Communications, 2019, 1(9): 091004(1299).

[49] Yue S, Pilon P, Cavadias G. Power of the Mann − Kendall and Spearman's Rho Tests for Detecting Monotonic Trends in Hydrological Series [J]. Journal of Hydrology, 2002, 259: 254−271.

[50] Zhang J, Niu J M, Bao T, et al. Human Induced Dryland Degradation in Ordos Plateau, China, Revealed by Multilevel Statistical Modeling of Normalized Difference Vegetation Index and Rainfall Time−Series [J]. Journal of Arid Land, 2014, 6(2): 11−19.

[51] Zhang Y, Gao J, Liu L, et al. NDVI−Based Vegetation Changes and Their Responses to Climate Change from 1982 to 2011: A Case Study in the Koshi River Basin in the Middle Himalayas [J]. Global & Planetary Change, 2013, 108(SEP.): 139−148.

［52］Zhang Y,Wang J,Wang Y,et al. Land Cover Change Analysis to As-
sess Sustainability of Development in the Mongolian Plateau over 30 Years ［J］.
Sustainability,2022,14(10):6129.

［53］Zhao X,Hu H,Shen H,et al. Satellite-Indicated Long-Term Vege-
tation Changes and Their Drivers on the Mongolian Plateau ［J］. Landscape
Ecology,2015,30(9):1599-1611.

［54］包刚，包玉海，覃志豪，等．近 10 年蒙古高原植被覆盖变化
及其对气候的季节响应 ［J］. 地理科学，2013，33（5）：613-621.

［55］包刚，覃志豪，包玉海，等.1982—2006 年蒙古高原植被覆
盖时空变化分析 ［J］. 中国沙漠，2013，33（3）：918-927.

［56］布和朝鲁，林永辉．ECHAM4/OPYC3 海气耦合模式对东亚
季风年循环及其未来变化的模拟 ［J］. 气候与环境研究，2003（4）：
402-416.

［57］陈效述，李倞．内蒙古草原羊草物候与气象因子的关系 ［J］.
生态学报，2009，29（10）：5280-5290.

［58］陈效述，王恒.1982-2003 年内蒙古植被带和植被覆盖度的
时空变化 ［J］. 地理学报，2009，64（1）：84-94.

［59］崔林丽，史军杜，华强．植被物候的遥感提取及其影响因素
研究进展 ［J］. 地球科学进展，2021，36（1）：9-16.

［60］戴琳，张丽，王昆，等．蒙古高原植被变化趋势及其影响因
素 ［J］. 水土保持通报，2014，34（5）：218-225.

［61］戴声佩，张勃，王海军，等．中国西北地区植被覆盖变化驱
动因子分析 ［J］. 干旱区地理，2010，33（4）：636-643.

［62］丹丹．蒙古高原近 35 年气候变化 ［D］. 呼和浩特：内蒙古
师范大学，2014.

［63］丁一汇，任国玉，石广玉，等．气候变化国家评估报告（Ⅰ）：
中国气候变化的历史和未来趋势 ［J］. 气候变化研究进展，2006（1）：
3-8.

［64］丁勇，萨茹拉，刘朋涛，等．近 40 年内蒙古区域温度和降雨量变化的时空格局［J］．干旱区资源与环境，2014，28（4）：96-102.

［65］范瑛，李小雁，李广泳．基于 MODIS/EVI 的内蒙古高原西部植被变化［J］．中国沙漠，2014，34（6）：1671-1677.

［66］付永硕，李昕熹，周轩成，等．全球变化背景下的植物物候模型研究进展与展望［J］．中国科学（地球科学），2020，50（9）：1206-1218.

［67］高晶．内蒙古夏季降水变化特征及其影响因子的研究［D］．南京：南京信息工程大学，2013.

［68］郭群．降水时空变异对内蒙古温带草原生产力的影响［D］．北京：中国科学院大学，2013.

［69］侯美亭，赵海燕，王筝，等．基于卫星遥感的植被 NDVI 对气候变化响应的研究进展［J］．气候与环境研究，2013，18（3）：353-364.

［70］胡植，王焕炯，戴君虎，等．利用控制实验研究植物物候对气候变化的响应综述［J］．生态学报，2021，41（23）：9119-9129.

［71］焦珂伟，高江波，吴绍洪，等．植被活动对气候变化的响应过程研究进展［J］．生态学报，2018，38（6）：2229-2238.

［72］康淑媛，张勃，柳景峰，等．基于 Mann-Kendall 法的张掖市降水量时空分布规律分析［J］．资源科学，2009，31（3）：501-508.

［73］孔锋，史培军，方建，等．全球变化背景下极端降水时空格局变化及其影响因素研究进展和展望［J］．灾害学，2017，32（2）：165-174.

［74］李川，张廷军，陈静．近 40 年青藏高原地区的气候变化：NCEP 和 ECMWF 地面气温及降水再分析和实测资料对比分析［J］．高原气象，2004（S1）：97-103.

［75］李金霞．鄂尔多斯高原西部植被—土壤—土壤动物对荒漠化的响应［D］．长春：东北师范大学，2011.

［76］李宁，顾卫，杜子璇，等．内蒙古中西部地区不同土壤类型

下土壤水分的研究［J］．地球科学进展，2006，（2）：151-156.

［77］李双双，延军平，万佳．近10年陕甘宁黄土高原区植被覆盖时空变化特征［J］．地理学报，2012，67（7）：960-970.

［78］李文宝，李畅游，刘志娇，等．内蒙古中西部地区近60年降水分布特征及影响因素分析［J］．内蒙古农业大学学报（自然科学版），2015，36（1）：85-94.

［79］李小飞，张明军，李亚举，等．西北干旱区降水中$\delta^{18}O$变化特征及其水汽输送［J］．环境科学，2012，33（3）：711-719.

［80］李新，程国栋，卢玲．空间内插方法比较［J］．地球科学进展，2000（3）：260-265.

［81］李妍，布和朝鲁，林大伟，等．内蒙古夏季降水变率的优势模态及其环流特征［J］．大气科学，2016，40（4）：756-776.

［82］李元恒．内蒙古荒漠草原植物群落结构和功能对增温和氮素添加的响应［D］．呼和浩特：内蒙古农业大学，2014.

［83］刘斌，孙艳玲，王中良，等．华北地区植被覆盖变化及其影响因子的相对作用分析［J］．自然资源学报，2015，30（1）：12-23.

［84］刘成林，樊任华，武建军，等．锡林郭勒草原植被生长对降水响应的滞后性研究［J］．干旱区地理，2009，32（4）：512-518.

［85］刘可，杜灵通，侯静，等．近30年中国陆地生态系统NDVI时空变化特征［J］．生态学报，2018，38（6）：1885-1896.

［86］刘洋，李诚志，刘志辉，等．1982—2013年基于GIMMS-NDVI的新疆植被覆盖时空变化［J］．生态学报，2016，36（19）：6198-6208.

［87］刘兆飞，王蕊，姚治君．蒙古高原气温与降水变化特征及CMIP5气候模式评估［J］．资源科学，2016，38（5）：956-969.

［88］刘钟龄．蒙古高原景观生态区域的分析［J］．干旱区资源与环境，1993（Z1）：256-261.

［89］马柱国，符淙斌．20世纪下半叶全球干旱化的事实及其与大尺度背景的联系［J］．中国科学（D辑：地球科学），2007（2）：222-233.

［90］缪丽娟，蒋冲，何斌，等．近10年来蒙古高原植被覆盖变化对气候的响应［J］．生态学报，2014，34（5）：1295-1301．

［91］朴世龙，方精云．1982—1999年我国陆地植被活动对气候变化响应的季节差异［J］．地理学报，2003（1）：119-125．

［92］秦福莹．蒙古高原植被时空格局对气候变化的响应研究［D］．呼和浩特：内蒙古大学，2019．

［93］秦福莹，贾根锁，杨劼，等．基于TRMM卫星数据的蒙古高原降水精度评估与季节分布特征［J］．干旱区研究，2018，35（2）：395-403．

［94］渠翠平，关德新，王安志，等．科尔沁草甸草地归一化植被指数与气象因子的关系［J］．应用生态学报，2009，20（1）：58-64．

［95］任国玉，徐铭志，初子莹，等．近54年中国地面气温变化［J］．气候与环境研究，2005（4）：717-727．

［96］沈永平，王国亚．IPCC第一工作组第五次评估报告对全球气候变化认知的最新科学要点［J］．冰川冻土，2013，35（5）：1068-1076．

［97］师华定，周锡饮，孟凡浩，等．30年来蒙古国和内蒙古的LUCC区域分异［J］．地球信息科学学报，2013，15（5）：719-725．

［98］施能，陈绿文，封国林，等．1920—2000年全球陆地降水气候特征与变化［J］．高原气象，2004（4）：435-443．

［99］施雅风，沈永平，李栋梁，等．中国西北气候由暖干向暖湿转型的特征和趋势探讨［J］．第四纪研究，2003（2）：152-164．

［100］时忠杰，高吉喜，徐丽宏，等．内蒙古地区近25年植被对气温和降水变化的影响［J］．生态环境学报，2011，20（11）：1594-1601．

［101］孙进瑜，彭书时，王旭辉，等．1982—2006年全球植被生长时空变化［J］．第四纪研究，2010，30（3）：522-530．

［102］孙艳玲，郭鹏，延晓冬，等．内蒙古植被覆盖变化及其与气候、人类活动的关系［J］．自然资源学报，2010，25（3）：407-414．

［103］孙照渤，刘华，倪东鸿．中国华北地区冬季降水异常特征

及其与大气环流和海温的关系［J］．大气科学学报，2017，40（5）：577-586.

［104］佟斯琴，刘桂香，包玉海，等．乌珠穆沁草原水热分配差异对植被的影响［J］．生态科学，2016，35（5）：21-30.

［105］王娟，李宝林，余万里．近30年内蒙古自治区植被变化趋势及影响因素分析［J］．干旱区资源与环境，2012，26（2）：132-138.

［106］王军邦，陶健，李贵才，等．内蒙古中部MODIS植被动态监测分析［J］．地球信息科学学报，2010，12（6）：835-842.

［107］王菱，甄霖，刘雪林，等．蒙古高原中部气候变化及影响因素比较研究［J］．地理研究，2008（1）：171-180.

［108］王青霞，吕世华，鲍艳，等．青藏高原不同时间尺度植被变化特征及其与气候因子的关系分析［J］．高原气象，2014，33（2）：301-312.

［109］王蕊，李虎．2001—2010年蒙古国MODIS-NDVI时空变化监测分析［J］．地球信息科学学报，2011，13（5）：665-671.

［110］王玮，冯琦胜，郭铌，等．基于长时间序列NDVI资料的我国西北干旱区植被覆盖动态监测［J］．草业科学，2015，32（12）：1969-1979.

［111］闻正．黄土记录显示全球变暖导致东亚夏季风雨带北移［J］．科学，2015，67（6）：31.

［112］夏虹，武建军，范锦龙．阴山北麓地区近20年来植被生长状况及其年际变化研究［J］．北京师范大学学报（自然科学版），2007（6）：678-683.

［113］徐保梁．全球及区域陆地降水的多时间尺度变化特征及其与海温的联系［D］．北京：中国科学院大学，2016.

［114］徐保梁，杨庆，马柱国．全球不同空间尺度陆地年降水的年代尺度变化特征［J］．大气科学，2017，41（3）：593-602.

［115］许旭，李晓兵，梁涵玮，等．内蒙古温带草原区植被盖度变

化及其与气象因子的关系［J］. 生态学报，2010，30（14）：3733-3743.

［116］闫炎，赵昕奕，周力平. 近50年中国西北地区干湿演变的时空特征及其可能成因探讨［J］. 干旱区资源与环境，2010，24（4）：38-44.

［117］杨尚武，张勃. 基于SPOT NDVI的甘肃河东植被覆盖变化及其对气候因子的响应［J］. 生态学杂志，2014，33（2）：455-461.

［118］姚炳全. 内蒙古生态工程建设对生态环境改善的分析与评价［D］. 北京：北京林业大学，2016.

［119］尹燕亭，侯向阳，运向军. 气候变化对内蒙古草原生态系统影响的研究进展［J］. 草业科学，2011，28（6）：1132-1139.

［120］岳文泽，徐建华，徐丽华. 基于地统计方法的气候要素空间插值研究［J］. 高原气象，2005（6）：974-980.

［121］张戈丽，徐兴良，周才平，等. 近30年来呼伦贝尔地区草地植被变化对气候变化的响应［J］. 地理学报，2011，66（1）：47-58.

［122］张辉. 基于多源遥感数据的内蒙古植被长势变化监测及其气候影响要素研究［D］. 南京：南京信息工程大学，2022.

［123］张井勇，董文杰，符淙斌. 中国北方和蒙古南部植被退化对区域气候的影响［J］. 科学通报，2005（1）：53-58.

［124］张连义，王刚，宝路如，等. 锡林郭勒盟草地MODIS—NDVI植被指数和估产牧草产量季节变化特征：以2005年4—9月的变化为例［J］. 草业科学，2008（3）：6-11.

［125］张学珍，朱金峰. 1982—2006年中国东部植被覆盖度的变化［J］. 气候与环境研究，2013，18（3）：365-374.

［126］张韵婕，桂朝，刘庆生，等. 基于遥感和气象数据的蒙古高原1982—2013年植被动态变化分析［J］. 遥感技术与应用，2016，31（5）：1022-1030.

［127］张自银，龚道溢，郭栋，等. 我国南方冬季异常低温和异常降水事件分析［J］. 地理学报，2008（9）：899-912.

［128］郑江珊，徐希燕，贾根锁，等．基于多遥感产品和地面观测的北极苔原春季返青期特征研究［J］．中国科学：地球科学，2020，50（11）：1618-1634.

［129］中国科学院内蒙古宁夏综合考察队．内蒙古植被［M］．北京：科学出版社，1985.

［130］中国气象局预测减灾司．中国气象地理区划手册［M］．北京：气象出版社，2006.

［131］周梦甜，李军，朱康文．近15a新疆不同类型植被NDVI时空动态变化及对气候变化的响应［J］．干旱区地理，2015，38（4）：779-787.

［132］周锡饮，师华定，王秀茹．气候变化和人类活动对蒙古高原植被覆盖变化的影响［J］．干旱区研究，2014，31（4）：604-610.

［133］卓嘎，陈思蓉，周兵．青藏高原植被覆盖时空变化及其对气候因子的响应［J］．生态学报，2018，38（9）：3208-3218.